聪明人是怎样掌控情绪的

[美] 约瑟夫·查思特罗　著
张雪帆　编译

华文出版社
SINO-CULTURE PRESS

图书在版编目（CIP）数据

聪明人是怎样掌控情绪的 /(美)约瑟夫·查思特罗著；张雪帆编译. -- 北京：华文出版社，2019.7
ISBN 978-7-5075-5121-1

Ⅰ.①聪… Ⅱ.①约…②张… Ⅲ.①情绪—自我控制—通俗读物 Ⅳ.①B842.6-49

中国版本图书馆CIP数据核字（2019）第109356号

聪明人是怎样掌控情绪的
CONGMING REN SHI ZENYANG ZHANGKONG QINGXU DE

著　　者：	[美]约瑟夫·查思特罗
编　　译：	张雪帆
出版策划：	孙明芳
责任编辑：	曹昌虹
出版发行：	华文出版社
社　　址：	北京市西城区广外大街305号8区2号楼
邮政编码：	100055
网　　址：	http://www.hwcbs.com.cn
电　　话：	总 编 室 010-58336239　　发 行 部 010-58336267　58336238
	责任编辑 010-58336195
经　　销：	新华书店
印　　刷：	北京柯蓝博泰印务有限公司
开　　本：	880×1280　1/32
印　　张：	6
字　　数：	94千字
版　　次：	2019年7月第1版
印　　次：	2019年7月第1次印刷
书　　号：	ISBN 978-7-5075-5121-1
定　　价：	39.80元

版权所有　侵权必究

序言

优秀的人从来不会输给情绪

当今社会，因情绪失控而导致的悲剧和惨剧屡见不鲜。比如前不久的重庆公交车坠江事件，就是因情绪失控而酿成的无可挽回的惨剧。失控的情绪就像毒药一样，随时都有可能戕害自己或他人。想一想，我们身边有多少人在饱受不良情绪的困扰？因为情绪不佳，又有多少人的工作、事业、家庭、生活甚至人生受到影响？可以说，情绪是人生中最具影响力、最重要和最基本的研究课题之一，同时也是人类历史上最易被忽视、最缺乏研究的内容之一。

今天，我们已经越来越多地认识到情绪在人的智力方面所起的重要作用：情绪在支配着智力。情绪所起的支配作用大概要比数十年来人们所推崇的数理逻辑能力所起的支配作用还要大。

因此,要想成为一个优秀的人,必须学会管理和掌控自己的情绪。

可到底什么是情绪呢?直到20世纪90年代,科学家和学者才开始对"情绪"进行专题研究,但是对"情绪"二字一直没有一致的定义。有医学研究认为:情绪和情感就是我们身体的一种生物反应。综合分析相关研究成果,我们可以简单地概括为:情绪是内心的感受经由身体表现出来的状态。

简单点说,人们为高兴而开怀,为悲痛而伤心,这就是情绪。情绪可以给人们带来许多感受:它使人们精神焕发,也使人们萎靡不振;它让人们时而冷静,时而冲动;它让人们理智地去思考,也让人们失去控制地暴跳如雷;它让人们有时觉得生活充满了甜蜜和幸福,而有时又让人们感觉生活是那么无味和沉闷。它潜伏在每个人的心中,总是在不同时间、不同场合产生着判若云泥的结果。

工作不顺心的时候人们会不满;当期望变成失望的时候人们会觉得失落;紧迫的工作和众多的压力会让人们焦虑不安;而前途渺茫的时候人们更会忧郁。

导致人们心潮起伏、思绪万千的正是人们常说的"情绪"。人们禁不住要问：情绪何来？

具体来说，情绪的来源有以下几方面：一、生活中的大变动；二、生活中的小困扰；三、遭遇突发事件；四、社会性情绪影响。

最后我们还要告诉大家：情绪管理能力不完全是天生的，在很大程度上是后天培养出来的。作为一种能力，它需要我们不断地刻意练习和持续学习。现在，就让我们跟随本书学习如何管理和掌控自己的情绪吧！请记住，优秀的人，从来不会输给负面情绪！

目　录

第一篇

使你身心安乐的种种法门

一、快乐获得法 / 002

二、怎样使你精神健康 / 007

三、保持常态 / 011

四、何必害怕 / 015

五、为什么会害怕 / 019

六、能力的表现和抑制 / 023

七、当你情绪激动的时候 / 028

八、如何约束和放纵你的情绪 / 033

九、你的精力是否绰绰有余 / 039

一〇、当你心灵上有了缺憾的时候 / 044

一一、怒气压制术 / 048

一二、悲剧之母 / 052

一三、怎样坚定你的意志 / 056

一四、如何使你睡眠充足 / 060

一五、含蓄的艺术 / 065

一六、如何战胜抑郁 / 069

一七、怎样排除你的忧虑 / 073

一八、抑制情感的最好方法 / 077

一九、慎防神经过敏症 / 080

二〇、理想的精神乐园 / 085

二一、恬静——美妙的生活 / 090

二二、"好而愚蠢"与"聪明而顽劣" / 094

第二篇

身心不安的十五种对症疗法

一、为什么他们会失败 / 100

二、怎样改变我自己 / 105

三、一个极难管束的女儿 / 110

四、"性"感过敏症 / 115

五、我害着神经衰弱症 / 120

六、我被一种身心的缺憾烦扰着 / 127

七、我和家庭格格不入 / 132

八、一次冤狱造成的悲剧 / 137

九、庸医治疗心理症奇谈 / 142

一〇、家庭与心理 / 147

一一、冬天学游泳，夏天学滑冰 / 151

一二、为什么我看见外人会发窘 / 156

一三、我害着胆怯症 / 163

一四、怎样解除我的意结 / 168

一五、我的脑袋出了毛病 / 174

编后记 / 181

第一篇

使你身心安乐的种种法门

一、快乐获得法

曾经有许多人这样问过我：有没有快乐的艺术？要回答这个问题，先要分析提问者说的"艺术"是什么意思。

假使提问者说的艺术是指一种确实的具体的艺术，比如画两幅画，制造一辆汽车，或者是指一种最普通的技能，比如写字与制作广告，那么，我可以干脆地答复他：没有快乐的艺术。

假使提问者说的艺术是指一种普通的艺术，比如赚钱，教导别人，有缜密周详的组织才能，那么，我的回答要稍微变换一下口吻：也许有快乐的艺术。

再假使提问者说的艺术是指一种广义的艺术，比如与人结交的技能，正确思考的能力，高尚生活的方法，等等，那么，我的答案就是完全肯定的了：当然有快乐的艺术。

这里，应该纠正一般人的错误见解。他们以为做一个艺术家的起码条件，是必须要能够依赖着一种艺术而生活。其实，一个真正的艺术家，不一定要依赖着艺术而生活，而是要使他的生活能够作为"艺术生活"的好榜样。所以，这种艺术是不论哪个人都可以实践的。而保持快乐的艺术，便是以此种艺术为出发点的。我可以说一句预言：在不久的将来，人类的"先知者"便要以最有价值的方针，引导一般人找到快乐美满的途径。至于现在，这还是一个很大而未曾完美解决的问题。

当你的心智或情感与你全身各部得到调和的时候，或者当你心中感觉到十分自由而没有牵挂的时候，你便可以感到快乐。但平常往往有许多事情是和我们全身各部的调和相冲突的，那么，日常的快乐就会被扰乱了。随便举几个例子：当你感到疲倦的时候，能使你好像汽车失了油，慢而颠簸地走到下一个加油站；当事业遭逢阻碍的时候，也能够妨碍你的快乐；还有烦闷，更是快乐的致命伤。

同时，我们不要忘记：小的烦闷，可以引起大的烦闷。不妨再以一个例子来说明一下：在全家人都感到疲倦的时候，小约翰和大贞安老是无谓地暴躁着，喧闹着；母亲变得脾气格外苛酷，专想找他人的错处；父亲也常常口出怨言，喋喋不休。好像一场可怕的暴风雨将要席卷这个家庭似的。

晚饭后，他们的身心都已经恢复清爽。小约翰十分亲昵地伏在母亲的双膝上，听着动人的故事，这使他们母子俩都感到了说不出的愉快。聪明的大贞安望见她的父亲已恬静地在口里含起一支烟管，便大胆地请父亲继续谈论关于暑期外出游玩的种种事情。一刹那间，这个家庭已转变得如此和谐了。

要是"快乐"这东西，仅有极短促的一个时期为我们所占有，那便是一种残缺不全的快乐，不足以被称为艺术了。比如：

小约翰正在很快乐地玩耍着，很起劲地在为他的一队小兵筑俱乐部。忽然来了一个大孩子，和小约翰戏耍了一阵后，故意拿走了他的钉子。于是小约翰便不快乐了。

大贞安呢，正在很快乐地预备着功课，她估摸着时间还充裕，可以勉强应付这一次的考试。想不到突然来了一位好友，

第一篇 使你身心安乐的种种法门

无端地和她闲谈了半天。于是大贞安便不快乐了。

父亲也很快乐地待在他的办公室中，但因为要等一个电报，他不能决定在打鱼的时期尚未过以前，能否到北方去。于是他又不快乐了。

母亲原是十分快乐地在街上买东西，但因为在店铺中耽搁得太久了，等到她想回家时，路上已经戒了严。她瞧见安太太坐着汽车经过，却没有邀她同坐。于是她便不快乐了。

我们假使能在微小的事上懂得一点快乐的艺术，便可以去从事许多大事。要知道，我们精神上的烦恼，以及心理上的耗费，大多时候并不是因为我们真的遭逢了所谓的困难，而是因为我们把那些宝贵的情绪无端地错用了啊！

在工作的时候，过于急躁是一种习惯，能够用镇静的态度来应付工作是另一种习惯。你当然不能用一种拳打脚踢的方法去驱走你的烦恼，相反，如果你能习惯于镇静从容地工作，那么，所谓的烦恼也就不攻而自退了。

快乐本来是没有标准也没有一定的方式的，你尽可为你自己的生活前途创设你自己的标准，实践你自己的方式。这种标准和方式，并不是什么指路牌，而是一种习惯的养成，用以规范我们的前程。这确是一种很难捉摸的艺术，在你每一次好像已经捉摸到它时，却又被它偷偷地溜跑了。

成功也不能测量你的快乐，因为有许多伟大的成功，从"快乐艺术"方面说起来，却完全是失败的！杂志上有的是成功者的大照片，满载着的也都是各色各样的快乐的成功故事，但有几许能代表着真正的情形呢？一旦实情被我们知道，恐怕我们就不再羡慕他们了。

所以，我们要把快乐当作一种"副产品"。我们的目标明明是另外一件事，但当我们完成这个目标时，却往往同时获得了快乐。假使我们常常担心着不能获得快乐，那么结果便一定是不快乐的了。因此，快乐是我们对于各种工作做得恰当的报酬，不论是赚钱的工作，家里的工作，交友的工作，还是公民服务的工作，都有使我们获得快乐的可能性。

由于先天的关系，每个人对于快乐的艺术可以进行得很容易，或是很难。每个人都应该善于运用普通的快乐艺术，去应用于你自己的特别情形。

二、怎样使你精神健康

一个强壮的人应该具有强大有力的肌肉，或者应该知道如何去锻炼肌肉上的气力。照普遍情况说来，这两者都是需要具备的。强大的肌肉主要靠后天的训练，运用这肌肉更需要后天的训练。两者配合得恰到好处，便造就了强壮的躯干。

一个人如果脑力较差，不妨多用脑而使脑力获得增进。这样，他所得到的便是由他天生的脑力及训练的程度两者共同影响的结果。

肌肉看似没有心智那么复杂，但心理学家告诉我们，许多奇异的事情，肌肉也可以做到。那么，肌肉工作也不得不变得很复杂了。

我们分析肌肉工作的结果是：有气力、坚忍、正确、有技艺以及各种混合的能力。比方说,珠宝商、铁匠、外科医生、屠夫等,他们都需要运用肌肉进行工作,不过他们是由不同的神经系所管束,所以能做出不同的工作。再进一步说,一个木匠和一个细木工人,前者通常做粗重有力的工作,但后者却可以做像积木这样的精细模型。此外,一个漆匠与一个擅长油画的人,双方的心理运用不知相差了多少呢。

我们不得不承认,肌肉实际上远不如心智那么复杂,但体格的训练可以帮助你发展肌肉的机能,心智的训练可以指导你发现心灵的技巧和工作效力,这便是两者共同的目标。

再进一步说,心智训练可以促进心理的健康,也就是现在所谓的"精神卫生",它的真正目的是要使你获得精神的安适。

充分地运用你的心灵,获得精神上的健康,这原是一种正当生活的结果。你心灵的重大,实在是远胜于你的智力,比聪明或者愚笨来得更重要些。

精神健康包含了你对于工作的兴趣、上进心、热忱以及工作结果的种种体现,此外,还包含了你平时工作的心理状态、脾气、喜爱或厌恶,以及使你或他人感到快乐或忧愁的那种原动力。精神健康能够告诉你怎样去利用你的体力,怎样去改正你的缺点,怎样去保持你的心理感情的调和,怎样去驱除你的疲劳,怎样去发展你的特长,以及怎样去待人接物,等等。

总结出一句话就是:精神健康无非是要懂得人类的天性。不论是共有的天性还是特有的品质,都与我们的精神健康有关。

举一个大家悉知的例子吧。我们的消化作用都是相同的,可是同样一种食物,对于A也许是十分适宜的,对于B却成为一种毒物了。

据此,研究精神健康应该注意到人类特性的各不相同。男性和女性,或者小孩和成人,他们的特性个个不同;还有种族的不同,甚至是同种族内派别的不同。有时候,我们要发扬这些不同的地方;有时候,我们却要加以抑制;有时候,我们可以任其自由发展;有时候,我们却要阻止其发展。只要我们在应用时能够充分地了解我们的精神,便会感到极大的愉快。

这样说来,精神健康给予我们每个人的使命就是,要想知道如何创造及改良你的心理,就必须先明了你自己的心灵。

我们无疑是应该工作的,这样才能使我们的生活有一个严肃的目标和一种固定的职业。所以,最要紧的就是要使我们的心理能够适应我们的工作。

当工作适宜的时候,我们可以什么都做得很好,并且还能够快速地前进。能够上进就是成功。

可是,即使你在银行中存了一笔巨款,那也不能表示你是成功的。你应该把在快乐上的收获以及你服务于他人的成果都计算在内。你要时常扪心自问:我对于家庭,对于他人,对于社会,有什么贡献吗?

一个在这方面能成功的人,他的心灵一定是非常安适的。

三、保持常态

哈丁总统曾在地图上写过一个单词——Normalcy，用来代替Normality，也许他在口中也曾说过。在这以前，这个单词在字典上是少见的，但现在已不是如此了。

假使你失去了健康，我们会说你失去了常态；假使你恢复了健康，我们会说你恢复了常态。不过，前提是你本来的身体必须是符合常态的。

用一个温度计就可以测量你的温度是不是合乎常态的，但是，现在还没有一种简单的心理测量表，可以测量你平时的或暂时的心理。于是，只好用你的气力、你的行为、你的人生观、你的生活嗜好，来代表这种测量表了。

直到现在，还没有一种适当的方法可以断定我们的心理常态。因为某一件事对于A可能是符合常态的，对于B却未必是符合常态的。我们每一个人差不多在每一件事上都会有小的差异，在许多事上更有大的差异，所以常态是依着差别的比较而决定的。尽管我们的呼吸与脉搏随着行动和感觉而彼此不同，但我们在大多数事上总不至于和普通的常态相差很远。

我们不妨假定人与人之间是有差异的，对于这些差异，我们可以用一种常态来衡量它。比方说，你、我、汤姆斯、杰克斯、赫利以及其他人，在高度、力气、智力、交际才能、脾气、娱乐、兴趣、忍耐、野心、眼光以及其他种种地方，总免不了各有不同，但要是让专家给我们做检查，则可以证明我们都没有失去常态。假使我们中间突然有一人做了一件出乎常情的事，使我们其余人看了都表示惊异或者自以为不会做与不懂的，那么，我们的常态便成为问题了。

一个人在他的一生中，自然应该不失常态，但并不是一定要完美无缺，而是要有所平衡。

如果一百个人中有九十九个人都相同，那么我们可以说，大家都是不失常态的人，仅有少许的差别。

我们研究常态，必须关注到它的两个方面：先天的体格和后天的情况。一个人如果生而为常态，所谓有常态的父母和祖父母等，这还是不够的，他必须在行为上也合乎常态。小孩子在常态上最好的现象，便是他的发育能依照常态。

归纳起来说，如果你在群众生活中，大体上能和其他人完全相同，或者你在先天或后天的情形上和其他人也没有多大的差别，那么，你便是一个符合常态的人。

在心理上能维持常态的人，便是心理健全、心灵健康的人，但后天的情形却更进一层。不失常态的行为，必须配合我们的年龄、种族、教育、社会情形、当代风俗，等等，然后才能加以断定。比如：在儿童时代有一种信仰和兴趣，在两世纪前的人们看来，也许认为是符合常态的，但在现代人看来，就被公认为是变态的；中国人所认为的常态，未必是美国人所认为的常态。

所以，常态这东西，是你一切心理的混合表示。这就是说，我们研究常态心理，决不能像看一张地图那样。要知道，没有一个人是一生完全符合常态的，如果真有这样的人，那还有什么兴趣和价值可言呢？然而，世界上大部分的工作，还是需要那些符合常态的人，在符合常态的情况下，用符合常态的方法，去应付这些符合常态的事情，并且去完成它们的。

四、何必害怕

惧怕，值得我们详细研究。因为它在人类的行为上占有很重要的位置，在复杂的心灵中也是一个很值得研究的对象。

按照心理学解释起来，惧怕是许多复杂心理状态的一个混合名词。

惧怕是一种不安的感觉，稍微含有一点恐吓的成分。比方说，一个人在失去了别人扶助的时候，心中所感受到的一种难堪情绪，就属于这一类。或者，你漫不经心地松了一下手，使你心爱的孩子跌落了，就会引起你一种所谓的原始的惧怕。又或者，你在做噩梦的时候，梦见自己从高处跌下，直到惊醒后，还老是心跳不已，也是同样的情形。依照心理学解释起来，这种状态叫作失惊的感觉。当你在一个安静的境地，突然发生一种惊扰的状况时，便会形成这种心理状态。一种突起的巨响，一种未曾预料到的接触或推碰，以及梦中突然的觉醒，都可以引起这种状态。

最普通的惧怕行为是躲避、藏匿、逃跑等，但上面所讲的那些原始的惧怕，却并没有这种行为的表现。只要是能够危害你的安全的事情，都可以扰乱你的平安，使你产生种种惊恐的感觉，因而使你感到惧怕。当你在悬崖边行走的时候，从很高的地方往下望的时候，在薄冰上踏过的时候，都会使你满心惧怕，那无非是你惧怕跌下去的缘故。有时候，看到屋顶上或旗杆上正在工作的工人，你也会感到心悸，甚至于不但不愿看见，连想也不愿想到。虽然这种惧怕已经离婴孩的那种原始惧怕很远了，可毕竟还是从这个源头上来的啊！

从心理的本质来解释惧怕，是更深入一层的。比方说，小孩子一到晚上，最怕黑暗和孤独，所以必须亮灯，更要有母亲陪伴着他，然后才能将惧怕消灭；我们在害病的时候，或者神经衰弱的时候，胆量也会变小。

其实惧怕心理研究起来是饶有兴味的。许多人只要遭逢极小的危险，就会感到惧怕，必须用极大的勇气才能克服这种惧怕；也有人走很坚固很巨大的铁桥，都要鼓起极大的勇气。

有一种惧怕，是由于回避不快的感觉所形成的。比如有些人敢让一只毛虫从他们的手腕上爬过，便自认为是英雄了。其实，有谁会真正惧怕这些无害的小动物呢？也有人看见了虱子或油虫就会满心难受。我猜想，这种惧怕的来源，大概最初是出于一种嫌恶的心情吧。

当然，你是不会去惧怕一个已经腐烂了的苹果的，你当然也想回避那已坏的苹果，正和你回避那些毛虫或油虫的心理差不多。大概你之所以怕毛虫而不怕苹果，是因为毛虫会动。这是由你另外一种怕动的心理叠加形成的。

根据这样的解释，我们可以推论：因为你不愿意接近冰冷的东西，所以当你抚摸到一条蛇时，就会突然退缩。憎嫌的退避和抚摸的退避，便是一根产生惧怕的导线啊！怕老鼠也可用同样的原理去解释，但还得增加一种怕它害人的心理。

而真正的惧怕，是少不了含有一点恐怖成分的，而这一种惧怕，多半是根据实际情形产生的。比如一个小孩子，被关在动物园的铁栅内，当他看到庞大而野蛮的狮子，听到狮子的吼声，于是，一种恐怕受到伤害而痛苦的心情油然地产生了。再有，一个患牙病的人，一见牙医就感到惧怕，这也是一种真的恐怖。每当你想象着痛苦的时候，心里的惧怕总比你实际受到痛苦时，来得更强烈一些。

假使你只是想象着便觉得惧怕，那么，你的惧怕永远没有止境了。你可以想到强盗、传染病、鬼、失败的投资……个个都将使你害怕。甚至连坏天气，虽然是毫无危险的，但因为怕它妨碍你的舒服或什么计划，你也恐惧着它，希望它不要发生。这样，你不是终日在惧怕与希望中生活着了吗？

然而，除了这些，你还得受到那些更大的惧怕，比如为了名誉，为了考试，为了已成功的爱情，为了战争，为了交朋友，为了赚钱……你都可以产生极大的恐惧。须知道，一个人从小到老，也可以说在整个人生历程中，有的是冒险。惧怕穿过了每个人的一生，也造成了每个人的复杂心理。

五、为什么会害怕

人类被构造得真是又可怕、又奇怪。我们来分析一下它全部的构造,就会发现,世间还能有什么东西比它更复杂呢?难怪世间万物,都只好敬畏人类了!

但是,人类自身也是具有惧怕情绪的,更确切地说,是充满了惧怕!惧怕在人类生性中,已是根深蒂固。人类依赖它去保护自己的生命,去躲避一切的危险。这种怕危险的情绪,使人类一生的安静都被扰乱了。

过分的或者是失去常态的惧怕,我们称之为病悸。可是,我们不能将这种病悸和强烈的嫌憎混为一谈。比如有人看见某种东西或者嗅到某种气味的时候,便会感受到一种说不出的不舒服;也有人看见蛇时,或者某种特性的人看见猫犬时,惧怕和憎恶便会同时产生。但是，为什么像老鼠那样柔顺的动物会使人感到惊惧呢？（根据一般讽刺画家的意见，只有妇女才有理由去怕老鼠。）以及为什么蝙蝠会给人类一种不良印象呢？甚至在神话中，人类还诬蔑它是吸人膏血的。要追问这些缘由，我们实在是有点含糊。

总之，我们怕动物，怕打雷闪电，怕黑暗，以及我们的祖先们怕空谷回声，等等，尽管这些惧怕是这么的普遍，但还不如关于身体方面的惧怕更为平常，而其中比较常见的，要算惧怕跌落了。

不论是在木架上走，还是通过木板横渡一条溪水，或者是站在悬崖边，都可以马上引起这种惧怕。这就是常有的失去平衡或重心的惧怕。高度越高，惧怕越大；身处危险之中，惧怕更显真切。这时候的想法，便成为一种冲动，它惧怕着你的身体也许会从很高的地方，或者是从铁架上跌落下来。

此外，还有两种很常见的病悸：第一，被禁锢的时候，因为没有逃脱的希望，而产生的惧怕；第二，漂流迷失，以致无家可归时，所产生的惧怕。

第一篇　使你身心安乐的种种法门

　　由于惧怕情绪作祟，当我们在戏院的时候，要是坐在边厢下面的一个座位，或是坐在距离出口太远的座位，心中便会觉得惴惴不安；也有人只敢沿着边从一块地方绕过去，却不敢斜着穿过去。

　　像这种病悸以及想象而成的惧怕，是人类所避免不了的。可是，我们往往能看见许多建筑工人，在现代的高桥上或者是高耸入云的建筑物上，并不觉得所处的位置危险，反而表现出一种泰然处之的样子。这当然不是天性不怕，而是由于后天训练的结果。

　　其实，遇到一些小事就惧怕的人，应该明白并不是他们才有这种痛苦，其他人同样有，只不过其他人没有像他们那么严重罢了。

　　有些人常常有一种发昏的感觉，或者是肚子难受的感觉，以为这是生理上的什么疾病，但心理学家告诉我们，这些状况大部分还是和心理有关。要除掉这种感觉，也只有利用心理治疗法，最要紧的是使你的心慢慢地平静下来，减去你心上种种不快的感觉，才能养成坚定的信念，使你觉得自己一定可以战胜种种困难，那你就不会有所恐惧了！

最厉害的病悸，是当人感到恐惧不安的时候，往往伴有其他神经动作，使人呈现出一种病态，举止完全失去常态，很难像一个正常的、健全的人。

六、能力的表现和抑制

人类具有两种能力，一种是表现，另一种是抑制。所以，我们要讨论的问题，不是去做或不去做，而是表现还是抑制。

的确，人生没有一件事，能比这种冲突要重要。

谁都需要生活自由，谁都愿意寻求快乐。可是，最重要的自由，是要依照自己的意愿去生活，却并不妨害他人的自由。要是自由没有限制，那就变为了放纵。每个人如果听任自己的天性放纵下去，便会恢复原始的野蛮，便会脱离轨道而将一切事物破坏了。

除了数个月大的婴孩以外，任何人的感情冲动，都不免要受束缚。人世间的种种训练，都是在束缚着人们，使人们不能故意放纵。

于是，在这两种相反的冲动中，便常常会产生冲突。小孩子需要充分的睡眠，但因为贪玩的缘故，不愿意去睡；小孩子喜欢去看新奇的东西，却又惧怕那些东西，结果使惧怕心和好奇心矛盾地对垒着；小孩子希望要其他孩子的玩物，可是没有勇气去把他人的东西抢归己有。

社会，更是我们最大的阻碍。它对我们发出了许多禁令：你不可做这！你不可做那！因为我们是社会的动物，所以我们只好忍受着社会的种种束缚，并且我们的年龄愈大，社会所给予我们的束缚也愈大愈多。

谁都不愿意被人所讥笑，谁都不愿意为人所责骂。许多事情明明是我们心中爱做的，但我们却觉得十分难为情，甚至不敢去做。啊，束缚！束缚！到处都是束缚啊！

无疑，谁愿甘心地去承受这些压制呢？但谁又能避免这些压制呢？于是，我们不得不感到悲伤，郁郁不乐，想反抗。可是，要是真的听任我们的意志去自由地行事，我们不是变成社会的害虫，便是成为毫不思索的专横者了！

不用说，个人的放纵尚可，要是多数人同时放纵起来，这后果的严重是不用我们猜想就可以明白了的。所以，社会要是不执行它的压制任务，那我们也就不称其为社会了。

因此，抑制的问题，便成为人生最重要的问题。经过心理学家们的解释，这问题更由单纯变得复杂起来。

弗洛伊德把人生的两大冲突——表现与抑制，解释为人生心理结构上种种问题的渊源。他认为做梦便是在表现一种被抑制的欲望，也是由于抑制过度而产生的，并且可以由此形成神经症。最后，弗洛伊德认为，人生最强烈的一种冲动便是性欲，而任何人对于性生活总是极力地加以抑制。其实，过分的抑制正与任意的放纵一样，都是不会获得良好结果的。人生有许多极大的变故，都起始于这两个极端。

道德和国家思想也是有着同样的影响的。清教徒高度主张抑制，只怕太过分的时候，会强迫人们走到另一条放纵的道路上去。我们相信车轮是不可缺少铁轨的阻力的，否则便不能前进，不过，要是将轮盘也阻止住，那反而就不能自由行动了。因此，如果我们太随从习俗，不但会太渺小地埋没了自己，而且将失掉你自己的个性。如果过分反抗，任意而行呢？也会常常与其他人冲突，以致弄得一事无成。

这很明显地在告诉我们：假使我们放不开，便不能完全自由行动。但要是过分地自由妄行，过分地完全受冲动的支配，那只有婴儿或心理变态的人才可能。至于其他的人，总应该顾虑到别人，即使你想任意而为，信口乱说，旁人也是不容许的。

世界上的任何事情，都应该有一种适当的裁制。于是，人类也很明显地分成了两大类：过度放纵的，多半轻浮、爱口角、粗暴、激烈、愚蠢、夸张、放纵，只知感情用事……过于抑制的，往往胆小、静默、害羞、服从、惊惧，过于小心、踌躇，甚至不会表现自己的情绪……

最有趣的是那些惯于信口开河、随便扯淡的兜生意的人，往往可以说服那些过于抑制的主顾，使他们无论对这东西喜欢还是不喜欢，最后都不得不买。那些口齿伶俐而放纵的人，能够诱引并威胁那些过于抑制的人，使他们对于此种侵略简直毫无抵抗之力。

人类的性情未必真像我们所述说的那么简单。往往有的时候，你要想说一句话，或者要做一件事，却自觉有些说不出口，或者放不开手脚，深恐这事会做得太愚蠢，惹人讪笑，或者这话说得太激烈，以致造成误会。这样，动机虽然早已有了，因为中途遇到了阻碍，结果只好放弃了原来的动机，渐渐便形成了一种心理习惯。我们常常看见有的人欲言不语，这正是他的心头起着抑制作用呢。

在人类中，这两种性情的区别是最重要，也是最普遍的。所以，我们可以用两个简短的名词来称呼它们："过纵者"与"过抑者"。

请问你自己是属于哪一类呢？

七、当你情绪激动的时候

是什么力量推动着这世界前进呢?

有的人回答说:"金钱!"的确,金钱的力量是伟大的,可是,要用它来推动我们的世界,却还是不够的。

于是又有人猜想说:"爱!"这也不过答对了一半,因为人世间一些普通的爱,休想能将世界推进分毫。

实际说来,真正能够推动世界的,是人类的一切情绪。

有人说:"我们是为着最关心的而生活着的,所以,我们最关心的是什么,我们的生活便也是为了什么。"有许多感情,是可以增进我们生活的快乐的,但也有许多感情,是足以阻塞我们的快乐之源的。当然,这两者我们都是需要的,以便两者可以互相抵消。可是,抵消以后,还有什么是我们最关心的呢？我们的生活又是为了什么呢？

我们立刻感觉到，只有生命才是我们最关心的。我们的生命一旦摇动了，我们不是会十分着急吗？其次是惧怕，它也是我们最关注而担忧的。我们常常惧怕着疾病，惧怕着痛苦，因为它们可以危害我们的生命，剥夺我们的快乐，破坏我们的舒适和安全。

然而，在平常的时候，我们的情绪是很少有波折的。快乐的时候既不会特别兴奋，忧愁的时候也不会特别压抑。不过，如果突然间发生了特别的事故，我们的情绪便会立刻变得十分激烈和激动起来。

最明显的例子，每逢战争发生的时候，我们就会产生极大的惊惧，使我们时时过着惴惴不安的生活，不是担心着自身的危险，就是替那些处在危险中的人们担心着。

所以，惧怕危险的情绪，可以说是激烈情绪中最强烈的。平日我们一听到战争的消息就震惊，其实也是因为感受到一种危险的惊吓了吧。即使到了现在，我们还是不会忘记当年的欧战对我们心灵所造成的影响。

每次我们遭逢这种错乱的情绪时，便觉得我们的内心起了冲突，是一种十分严重而昏乱的冲突。一方面是"责任"和"服务国家"的心，另一方面却是"杀人"和"被杀"的惧怕心，彼此不得不激烈地冲突起来。这种内心的冲突，往往比武斗还要来得激烈，因为这是内心分裂而互相冲突。因此，一旦当某种重要的情绪达到最高潮时，我们的心灵便软弱得简直不知所措。

假使我们最亲爱的人突然死了，我们不是会感到一种深切昏沉的悲痛吗？这种刺激实在是太难忍受了。我们一方面深深渴念着此人在世的种种，另一方面又痛悼着眼前不能补救的虚空，两者开始了强烈的冲突。

同样地，热恋期的人们，他们的情绪也是到达了最高潮，尤其是恋爱成功以后，又突然失恋，这一种悲哀，真有点让人难以诉说。此外，痛恨、后悔、羞愧、宗教狂、负罪自咎等，也都是属于高潮的情绪。上面种种的情绪，都是一方面悲伤着过去的丧失，一方面不知道怎样去应付将来。

发怒，是高潮情绪中最激烈，也是最放纵的一种情绪。它让人不愿理智，好像发疯似的用事。当这种情绪极度高涨的时候，可以造成人心中切齿的仇恨，甚至为了报复，有的人可以不畏法律的裁制，不择手段。不过，公正的愤怒还是需要的，因为它可以使那些残忍卑劣的人，不能轻松地逃脱。

也有时候，高潮的情绪是带有群众性的。比方说，古代的十字军便是一个绝好的例子。他们被一种"卫教"的热情所鼓动，放弃了日常工作，疯狂地转入了残忍恐怖的旋涡。这热情鼓动了千百万人，并且延续了数十百年之久。

还有，澎湃的热情也是差不多的。比如一般人所感觉的爱国心、战胜心，以及举国狂欢，等等。回想一九一八年大战完毕，我们为了庆祝胜利，把过去所抑制的高潮情绪，如疯如狂地完全爆发出来。这种情景，直到现在还是不会忘记。

此外，由于同情一项伟大的事业，或者是崇拜一位英雄所产生的情绪，也是能达到最高潮的。比如林白大佐完成了飞渡大西洋的壮举后，当他回归纽约时，我们那种狂热的欢迎，真可被称为破天荒的。

以上种种，都含有一种惊心动魄的感觉，不管是出于危险的惊感，战胜的惊感，恋爱的惊感，还是崇拜的惊感。

高潮情绪并没有过分的害处，要是没有了它，我们的生活便会过得太平凡，一切具有浪漫、冒险、英雄等特征的事业，就都不会发生了。我们虽主张日常生活不妨过得安稳一点，可是有的时候，我们也该激发自己的情绪，使它达到热烈的最高潮，以便让我们可以尝试一下惊心动魄的生活。

自然，人世间有许多事情，不是我们可以直接去尝试的，那么，我们只好利用替代品，比如阅读小说啦，观赏戏剧电影啦，利用小说电影中这些可惊可泣的故事来发泄我们最高的情绪。不过，我们在寻求满足的时候，不可过度，这样才合乎我们的心理卫生。

对于我们的情感，需要让它时常有活动的机会，但同时也应该给予相当的约束，使它在平时，可以适用于日常生活，一遇到什么特别的事故，便可以将它提到最高潮，能够生龙活虎地发挥它的威力。

八、如何约束和放纵你的情绪

一本心理学书这样写道:"假使我们不能抑制自己的冲动,我们就不能获得一种幸福的生活!"

另一本心理学书却这样告诉我们:"如果我们抑制着自己的情感,将使我们的神经系发生毛病!"

到底哪一本书说得对呢?我索性两本书的话都不信!

一个气愤的读者

我觉得这位"气愤的读者"说得倒是十分中肯。不论什么思想,最要紧的是不可走向极端,或左或右,或是或否,都要不越出理智的范围以外才好。

前一说主张我们的情绪应该抑制,后一说却主张我们的情绪必须放纵，我们不妨从第三者立场来进行研究。

说到放纵和抑制的冲突，在婴儿期就已经开始了。先天所安排的，是一连串的冲动；而后天所安排的，却是一大堆的习惯。每一个习惯都具有一种强大的推动力，结果是将所有的冲动逐个击破。所以，我们可以这样说：整个婴儿的组成是一连串的冲动，而成人则是一大堆的习惯！

因此，我们教育儿童最不可忽视的一点，便是对于天性过强的种种冲动，应当极力把它抑制下去。这种抑制应该在极早时候就开始实行，并且不可以有一时期间断。要知儿童的天性，多半是容易惧怕、喜欢、发怒的，要任性玩耍，爱打破东西，惯于吵闹，常去惹弄较小的儿童，往往无端反驳父母的话，等等。这些都是应该赶快加以抑制的。

但压制的时候，必须合乎理智。因为孩子们一旦过于被抑制，总是惧怕刑罚，以致天真的乐趣完全被剥夺殆尽，变得毫无生气，呆头呆脑，这不是活像一个可怜的小动物吗？我想，每一个做父母的人，是决不愿意自己的孩子被管教成这个样子的。

因此，我们在管教孩子的时候，应该注意到"动"的精神，应该替他们准备着充分适当的出路。尤其是超出他们能力范围以外的抑制，应该绝对地避免！比如强迫孩子们呆坐上半天，那是极不应当的。我们不妨给予他们相当的时间，听任他们去喊叫，或者去玩粗野的游戏，以及去做其他种种爱做的事情。只要他们没有超出理智范围以外，你就大可不必去干涉他们。同时，对于他们的弱点，比如惧怕、发怒、自私等，也应该用好的方法去矫正他们，指导他们，庇护他们，使他们可以减少受到这些弱点侵袭的机会。

至于成人感情的抑制，和小孩没有多大的区别。不过他们所要抑制的，比较复杂一点，而他们自制的能力，也比较强大一点罢了。要是你自以为犯了性急的毛病，容易兴奋，也容易发脾气，那么，抑制的方法就是要养成一种平和稳重的习惯。又假使你常常粗暴地待人、太骄傲，鄙视他人，只顾自身利益，不顾社会群众，以及在一件事情感觉困难的时候，时常含怒、抱怨、沉闷、逃避、灰心等，那么，你应该认清自己的病源，对症下药，替你自己制订一种抑制的方案，然后不间断地实践它。

有许多人问过我这样的问题:强烈的性欲冲动,应当将它抑制吗?

回答这个问题,也可以根据上面所说的。儿童既然有享受快乐、自由玩耍的权利,青年男女也就应该有享受爱情生活的权利!只要两者都没有超过正常范围,我们就谈不到去抑制它们。

从儿童到老年,每个人是缺少不了所谓"情感"这个东西的。人,需要为人所爱,也需要去爱别人,不论是儿童的爱,父母的爱,朋友的爱,情人的爱,等等。要是生活缺少了爱,那是何等的枯涩乏味啊!没有了爱,便只有痛苦,不舒服,神经错乱,与人不睦,甚至会造成一种变态的心理!

由此可知,过度的抑制原不是特别好。不管这种抑制是出于社会习俗的压力(这原是时常有的),还是因为你自己的戒律定得太严厉,或是因为环境的阻碍剥夺了你情感的出口。

许多人都有一种喂养猫狗的习惯,这一半是由于消遣,但另一半是想把它们当作发泄感情的工具。因为抚爱是人类一种极大的需求,不论猫啊,狗啊,金丝雀啊,金鱼啊……都可以解除人类的寂寞。

或者我们可以这样说：一个乐观的人，在广大人群中，已经可以充分地找到发泄情感的对象，所以不再需要什么小爱物了。但我的意见却正相反，尤其是乐观的人，他的感情一定比平常人来得更丰富，所以他是更需要各种出口的，以便可以发泄他的各种情感。试观儿童多半是乐观主义者，他们的感情是最丰富的了，但儿童不是个个喜爱小动物吗？

不过，值得注意的是，青年男女的情感正当最高潮时期，因此，比较容易有放纵和过度的危险。冲动愈强烈，抑制愈难，也就愈加不能使冲动就范。要知道，尽情地放纵，或者尽力地抑制，那都是有危险的，唯有使我们的情感每天有适当的出口，才能使我们获得真正的快乐。否则，各种闭塞的情感，有一天因为压制过度而一齐爆发出来，那是很可能造成不幸的后果的。

不错，我们的情感是需要让它们自由地找寻出口的，至于出口选择得是否适当，那就不得不根据我们的智慧如何再加以决定了。

普遍说来，各种情感的发泄并不是一律的，有的应当减少，有的却应当扩充。最要紧的是，凡是和人生有密切关系的情绪，以及人生一些基础的情绪，我们都应该明白怎样去抑制它们。什么时候应该约束，什么时候应该放纵，那就全在于你自己的决定了。

九、你的精力是否绰绰有余

朋友，你有储蓄吗？

也许你数年来已经储存了一笔巨额的钱财，或者，你的汽车正储存着大批的汽油。可是我要问你：其他生活必需品呢？你对于你的精力，可有储蓄吗？

储蓄无疑是非常重要的。军队在作战的时候，要是没有预备着大量的后备军，那一定是失败的次数多。我们不仅应该为了平日的需要注意到营养良好、睡眠充足、工作优良等，还得再储蓄一些精力，以便在碰到什么意外事件的时候，可以充分有力地应付。

说起来真是神秘得很，在自然界中生存着的动物们，它们的组织中都已经预备了这种储存的气力，那就是我们常说的

"重振"。当你做事做到已经精疲力竭的时候，你只要咬紧一下牙根，重振一下勇气，继续地干下去，不久，你便可以觉得好像又获得了一种新的力量，那便是因为你已经动用了你储存的精力。这"重振"的力量，可以在实验室的测量疲倦器上验证出来。可见我们的神经系由于自然的安排，已预备了一种储存的力量。

储存的力量原是用来应付突发事件的，情绪便是如此。

情绪好像是一把钥匙，它可以激发我们的储存力量。一个小心的人，当他在路上行走时，总是谨慎又敏锐地注意着一切。可是，当我们在电梯中和地道里的时候，我们所要当心的，只是一些牌子。如果真的发生了危险，你的惧怕心便会使你警惕，以致激发出你的储存力。

当房子失火的时候，我们可以看见有许多人扛着重物，还要爬墙出来，这种力量在平常的时候是决不会有的。

快乐狂欢，也是可以激发我们的储存力的。比方说，看球的人和啦啦队可以鼓动选手们，使他们启动自己的储存力量。尤其是在胜负难分的时候，这种储存力可以格外兴奋地表现出来。一个赛跑的能手，在平常时候，可以很好地管束着他的储存力，使它不致有丝毫的浪费，往往在最后一刹那，才将他的储存力量充分释放，难怪胜利总是属于他的了。

平时，我们所不大应用的储存力，不妨听任它自然地留着。一个丝袜织造厂的广告是这样说的：女士们！多备几双吧！免得破了着慌！

不错，自然的神秘，就是替我们准备了一种安妥的余力。这种余力，正如一座桥梁所需要的一般——我们不会使桥梁的负重刚刚是桥梁所能承载的。

一个聪明人，当他的气力还没有用尽以前，他就会停止，他决不愿意去浪费他最后所储存的一点力气。假使你能够知道你有多少精力，我想你在工作时决不肯中途停止，而会用尽你的储存力量。

所以，当我们的精力尚未到达崩溃的地步以前，我们对于自己的工作能力，是应该有一点储存的。放假便是一种很好的方法，它可以使我们的精力多加一分的积蓄。此外像骑马啦，玩耍啦，整理啦，忘掉你的工作啦，等等，也具有同样的功效。

通常来说，我们要留心自己有多少精力，必须把它运用得当，使它保持在相当的速度和限度以内。一旦碰到什么意外的事情，我们便可使用储存的力量，听任情绪去奔驰了。

有些时候，我们必须能够调动自己的全部精力。比如对于某事要特别努力，要想出一种新思想，或者想加入什么竞争，以及交涉某一件事等都是。碰到这些事情的时候，你简直没有停止、休息、考虑或放松一下的机会，那么，你能否应付得了，就要看你平日所储存的力量的多寡了。因为一件意外的事情发生时，你头脑所计划的一切行动，都是由你的储存力量得来的。假使人世间没有这样的人，或者这样的人不多，那我们的进步也就不会如此迅速了。

我们的情绪，也是这样。在最重要的关头，比如战争爆发的时候，我们平日所静止的情感便会立刻激荡起来，尤其是我们平日所隐藏着的发怒的精力，在这时候一并爆发出来，那是最适当不过的了。这种危机可以广泛地激荡起我们正当的愤怒，使各人把有用的才能发挥出来，争先恐后地献给国家，发泄他们平日所储藏的精力。在大地震或大火灾的时候，惧怕的情绪和一种抵抗危险的动机也可以唤起人类所有储存的精力，来起而奋斗。

无论是一个人，还是一个国家，假使能够养成储存精力的习惯，并能运用得当，那一定可以受到别人或别国的尊敬！

一〇、当你心灵上有了缺憾的时候

当我在城中某一条街上散步的时候,我看见许多高耸入云的建筑物,中间交错着一些低矮破旧的房屋。其中有一家木店的玻璃窗破了,用一块长形木板补着;一个锡店的玻璃窗破了,用一块锡补着;一个鞋店的玻璃窗破了,用一块皮补着。

我们的心灵上如果有了破绽,也是用同样的方法,用我们手中的现成材料来修补。大概修补窗户的目的是要阻止风雨的侵袭,我们心灵上的需要,也是一样的。但是我们应该怎样去对付这种需要呢?因为我们平日的习惯各有不同,其间便不得不有了差异。

比如从前盛行的沿河一带的水轮,虽然同样是利用水力把它们的轮板浸入同一条溪中,但是有的人是利用它磨面粉,有的人是利用它织布，有的人是利用它造纸。不但这些水轮所接受的原料不同，就是所制造出来的产品也是不同的。甚至连它们本身的构造也因此而不同。

再说到我们的心灵机轮，它比一切机械要复杂得多。同时，我们都是磨坊，天天都要做磨工。我们可以想象一下六个人在观看同一处风景，他们的感想却各不相同，那么我们对于这一层意思便可以格外明白了。

第一个人是经营地产业的，他看了这地，觉得很适合建房子，于是便问每亩的价钱。

第二个人是艺术家，他爱好自然风景，所以他把这地当作一幅图画来欣赏。

第三个人是地质学家，他正在到处寻求冰川时期或地质时代的证据。

第四个人是铁路工程师，他仔细地勘测山谷，注意斜度，评估这一带能否筑一条铁路。

第五个人是农夫，他察看着土壤的性质，看究竟适合种些什么。

第六个人是劳瘁的商人，想寻一块清静的地方休养，更希望溪里有鱼可钓，所以他在审视地形，看这地方是否适合建造一所住宅。

实际上，他们六个人都在看同一处风景，并且是用同样的肉眼，可是，他们心灵上的眼睛却各不相同。他们是根据各人的兴致去看眼前的景物的，那便是他们所真正看见的。

所以，你由经历所得的是什么，要看你以前肚子里所装的是什么。假使你还没有先改变这些人肚子里的经验，那么你就不能改变他们的见解。

因此，当这六个人在观看景物的时候，从表面上看，他们同样地在地上走动，同样地停驻察看远近的东西，总之，他们的动作是毫无差别的。除非你去询问他们，才知道他们的腿移动时，眼察看时，他们所想的是什么。直到你听了他们的报告，才明白他们外面所见的，心里所想的，又是怎样的不同啊！

不论是在城市中，还是在乡村中，一切的事物，对于一切的人，也都是如此。各式各类的人对于各式各类的事物，总是选择他自己的世界，而忽略其他的一切。

在城市之中，有千百万的人，好像乌鸦栖伏在巢中似的，住在高耸入云的大厦里。可是，当你与自然接近，觉得非常融洽和谐的时候，你便会因这城里只有你一人而感到十分孤寂。

这里，我要谆谆地嘱咐你一句话：生活便是兴趣的堆集，你应当使你自己的心灵成为你的良伴！

请问，当工作结束的时候，你打算怎样消遣呢？你的兴趣又是什么呢？或者，我应该问，当你不能去工作的时候，不能寻到娱乐活动的时候，必须在床上休息一礼拜的时候，以及逢着下雨天的时候，你心中可有什么丰富的材料供你消遣吗？当你望着世间的一切时，你又是怎样去填补你那心灵的窗户的呢？

请你千万不要忽视了这一点，须知这也是精神安适的重要部分。我们应当养成一种健全的普遍的兴趣，然后设法常常去满足这种兴趣，最终使你自己获得喜乐。

一、怒气压制术

斯特拉顿教授认为怒气也是人类天性表现的一种，曾耗费全力加以研究，正如其他心理学家研究天才学或犯罪学一般。

他对于发怒的劝诫，有几条值得我们用来作为规律：

第一，请勿无端地发怒。因为怒气也是你内部的一种储存力，以便有什么突发事件时，就可以去用到它。等到你要去求助怒气，一定是所发生的事情太大了，使你平日的能力不够应付。所以，你要是在琐细的事上随便发怒，那简直是一种浪费！

第二，在你感觉疲倦、饥饿，碰到不如意之事，或年龄将老的时候，你应该格外提防，切勿听凭那一触即发的怒气任意爆发出来。不妨想想他人也有这种同样的弱点，尤其是儿童。

因为这正是许多家庭不和睦的起因,我们是不得不对此特别留意的。我们应该防止发怒像防止触电似的郑重。能够时常保持着温和的态度以及平静的气氛,那是很有益处的。当你觉得自己将要发怒,或者感觉到他人将要发怒以前,应该赶快镇静地去制止,或者,静静地默想一下,就可以把一腔怒气消减于无形了。如果粗野的言语未曾经过思索,便随便冲口说出,就会容易养成发怒的习惯。

第三,对于某一事件,发怒需要适可而止,不可过分。比方说,你要叫人走开,你自己就应该先行让位,切不可用打鹿的大铅丸去射雀,也不必用剃刀去开罐头。假使事情已经了结,就要迅速地遗忘它,切不可不断地去回想,以致再引起种种无谓的刺激。须知暴风雨只能让它停留片刻,要是整日夜没有休止,岂不是什么东西都将被它毁灭了?这自然对别人有害,那么对你自己又何尝是有利的呢?

第四,最适当的发怒是一种完全客观的愤怒。比如你自觉对不起别人,于是你就感到愤怒。这里所谓的别人,也可以包括你自己,是把你和其他的人一起计算在内的。不过,这种愤怒绝不是随便就发的,应该保留着为有价值的事而发。不论为私为公,发一次怒就会有一次的代价,它可以使你的生命增加热忱,使你的奋勉增加热力,但你的愤怒必须公平正直并且是好意的。

第五,请牢记,你的发怒,也可以引起别人的发怒。所以发怒是一件冒险的事,它可以离间,可以破坏友谊和同情,以致产生悲惨的结果。而友谊和同情,可以增加平和与理智的态度,是一种控制怒气的有效力量!

上面这几条警诫发怒的规律都是关于私人发怒的,对于大多数的人,也是一个很重大很实际的问题。

个人的冲突和重大的有组织的冲突,从心理方面考量,是相同的。你对于公众或商业上的态度与感觉如何,可以从你私人的态度和感觉上看出来。发怒是私人的害物,也是公众的危险。

不过,在适当的范围内,发怒也有它的好处。要控制在这个范围,最要紧的是要态度和善,保持理智,随时警醒,那样才有可能平安无事。

斯特拉顿教授曾这样建议过，要是我们能用一本小册子，在每一次发怒以后，把发怒的原因和事实都记录下来，等待日后自己翻阅翻阅，一定会觉得自惭或者好笑。因为这些都是小事，实在是不值得为之一怒的。这样，你此后的发怒次数一定可以减少一些，并且有价值一些。

发怒实在是一种耗费精力的情绪，恰巧和畏惧完全相反。因为畏惧来得极慢，在没有发泄以前，早已潜伏得很久了。而愤怒呢？来得十分突然，好像迅雷闪电，但平复得也很快。

不过，发怒后要是不立即遗忘，常常反复思索，那又可以变为情绪，以致永远存留在心中，最终产生怨恨。

所谓怨恨，便是我们在发怒后所存留的余痕。怨恨可以由传统而沿袭下去，就像封建思想一般。还有成见也是一种变异的愤怒。这种感觉一旦超限，很有引起群众暴动的可能。

我们应该修养到能够容忍不同的意见，以便可以减少愤怒爆发的危机。每个人要是有能够在私事上克制怒气的能力，就不会一时间神经发狂，而去参加群众的暴动了。种种暴动行为的发生，无非是因为一般人平时不能好好地约束着自己罢了。

一二、悲剧之母

意结的解释是：一种极深的，足以造成悲剧的心理状态。所谓"意结病"，不论轻重，总是有一种偏于情感的趋势。尽管病状极轻，也足以扰乱精神的安适；要是病重一点呢，就会影响到日常的生活，甚至会破坏一生的幸福！

我们都会有一种惧怕的感觉，如果我们惧怕某一种事物，一旦超过了实际的危险时，这种惧怕就会搅扰我们的行动，影响我们的思想，淆乱我们的情绪，成为一种惧怕的意结。不合理智的恐惧，和惧怕的意结差不多是一样的。

当我们在木架上行走的时候，心中异常恐惧，可是走过去以后，心中却又完全安定下来了，一点也不担心了。这一种惧怕并无意结的成分在内。

第一篇　使你身心安乐的种种法门

如果我们惧怕经过闭塞的地方，或者空旷的荒野，便会在一生中极力设法避免，这对于我们的行为影响是很大的。又如果我们惧怕着远离家乡，以致使我们的行动失去了自由。像这些惧怕便有点近乎意结了。

一个过于担忧的人，那种谨慎心实在是不敢领教，而且是无须的。比方说，他最惧怕传染病，于是他对于一切食品总要经过仔细察看方敢进口，稍觉有点不舒服，便吃许多药品，甚至睡在床上。像这样的人，他的行为就是失了常态的，多少带有一种卫生的意结。

上面所说的，都是关于个人的意结，这些意结病的起源是内心的冲突：一方面是我喜欢怎样做，我知道怎样做；另一方面是我惧怕这样做，我不愿这样做。两者彼此冲突，轻一点是束缚了自己的自由，要是重一点呢，那就造成一种悲惨的结果了。不过，这种个人的意结要是扩充到社会层面，使个人行为影响到他人，甚至与他人冲突，那么，就会进而造成一种精神的悲剧了。

这种社会的意结对于社会的影响无疑是很大的。有的人主张把社会的意结叫作"反社会的意结",我们只要看字面意思,就可以明白这种意结对于社会的阻碍之大了。比如我患了一种多疑的意结,就会觉得所有的人都在仇视我,从各人的面部、言语和态度上,都可以看出他们对我仇视的表现。于是,我不得不被围困在一个畸形世界中了。

像这种仇视的情绪,由于各人的主要神经特性不同,所以也会有各种不同的表现。假如我的神经特性是多疑,同时又是畏缩的,那么,我就会变成一个不喜欢交际的人。假如我这种特性,只有对待女性时是如此,那么,我就会变成一个恨女性的人。假如我的特性是急性,我就会变成一个容易发生口角,不能与人相处的人。假如我把自己看得太重要,我又会变成一个跋扈固执的人。

当我们的内心或我们与世界的关系变得畸形时,我们就犯上了反社会的意结,往往很容易产生悲剧。父母与子女的关系,丈夫与妻子的关系,个人一生的成败,个人在社会上的地位,都是容易产生悲剧意结的园地。因为你对于这些关系本来是需要一种适当的适应的,但一旦你心中存着一种畸形的情绪时，就会影响到以上种种关系，使得人与人之间发生冲突，从而造成一种精神上的悲剧。

所以，意结是造成种种冲突和悲剧的元素，或者可以说，它是冲突和悲剧的导火线！要是没有意结，无论是各人内心的冲突，还是与他人的冲突，不管如何严重，也是极容易消除的。那么，我们在一切举止行动中，就可以经常保持着平和的心境，对于种种主要的关系也可以应付自如了。

这样说来，性情方面的冲突实在要比表面的冲突厉害得多。有许多的悲剧，我们从表面看来，不过是夫妇不和、子女反抗父母、自己事业失败、苦闷的退缩或孤零等。其实呢，这些悲剧的真正原因，其实是性情与事实的冲突，由于一种畸形的情绪影响了各种主要的行动。所以我们认为这些不幸事件，都是属于心灵的悲剧！

一三、怎样坚定你的意志

一个人要想具有坚强的意志，必须先具备三个必需的条件：精力、恒心、动向。

只有精力是不够的，比方说，激烈的儿童和发怒的成人，他们的精力不是都很充沛吗？所以我们要主张恒心是胜于力量的，有了恒心然后才可以使人坚持。不过我所说的坚持，并不是普通人的固执己见，要知道固执己见不过是顽固而已，绝不是坚强的意志！

一个有坚强意志的人，他做事一定会勇往直前，不怕困难，但这绝不是顽固，虽然顽固的人也可以表现出一部分的坚忍。坚持的真意就是用理智，而非盲从的态度，去实行一种有意识的决断。如果一个人过于固执己见，那便成为独裁了。

至于有恒心，那就是说，要认定一件工作，一步一步，百折不回，不怕打击和失望，努力不懈地干下去。但为了使这种恒心不致被浪费，应该有一个目标，使每一分的精力都可以用得适当，不随意，也不散漫。

如果要养成这样的意志，必须有一个良好的习惯为根基，例如思想、行事、感觉等，都要随时保持正确和迅速，好像一班受了训练的职员受到公司总经理的指挥一般。

所谓动向，便是明确正当的目标。这当然不是说目标一定不会坏，因为这是一件有可能性的事。我们可以尽量地去破坏那些无价值的目标，而去实现一些比较高尚的目标。

但是，意志未必代表我们整个的人格，因为我们人格的高尚与否，还要看我们动机的好坏如何，而动机却是由另一个出发点而定的。冲动的原动力是情感，要明白你的情感如何，先要知道你所注重的是什么；要推求你的注重之点是什么，就不得不研究你内心深处的感情和抉择，是否适合两方的结果。

再进一步说，工作要有意志，不但是指要立定意志去从事工作，还得同时具有一种指挥能力的知识，然后，我们工作时才能努力。所谓努力，当然是表示事情的难做。假使我们常常选择容易的事情，使我们缺少锻炼，便会使我们的意志薄弱，并且使我们心灵和人格的组织衰微。

可是，我们的意志是要经过抉择的方式才能表现出来的。每个人的心中，总是常常存在着一个问题：做什么？

摆在我们眼前的有许多事情，或者可以说有许多途径，但我们却只能决定其一。其实我们尽可随便决定，不必过分固执。须知一个踌躇的人，最容易失去机会。假使你常常优柔寡断，一件事在决定以后又后悔，常常改变意志，时刻调换着新花样，不用说，你在一生之中也是不会有什么大的成就的。我们相信反复考虑是一种好习惯，但如果反复考虑削弱了你的自信心，那便是最最要不得的事了。

当我们在一个意志决定以后，又遇到另一个相反的意志时，便可以从这些地方试验出我们的真正精神来。在什么时候应该服从？在什么时候应当归顺？在什么时候应该坚持自己的主张？这些都是两种意志相遇后所要发生的问题。

不错，我们应该具有坚忍心，能够长期努力，能够做较难的工作，能够爬较高的山顶，能够完成一种重大的事业，能够实现终身的目标……要能够做到这些，那就要认定一个高尚的目标和一个受过良好训练的意志。

意志和情感一样，是不能用文字表达出来的，因为我们的文字只可以代表我们的思想，而意志的要义是要教我们如何去实践。上面所说的种种精力、恒心、动向等，一定要变为行为，继而养成固定的习惯。因为意志是要从实践中获得，绝不是空口所可以传授的。

一四、如何使你睡眠充足

一位苏格兰的耕童说：我不知道什么叫享受一晚舒服的睡眠，我所知道的就是当我把头放在枕头上后，便觉得这是应该起身的时候了……

假使我们都能够如此，我们还用得着来讨论什么"睡觉的艺术"吗？

当我们正在酣睡的时候，当然不知道睡觉是怎么一回事。可是，在我们醒来以后，便可以明白是否睡醒，或者刚才是怎样睡的。要证明睡得舒服与否，只要看醒来以后是感觉浑身清爽还是依然疲倦，以及头痛有没有完全消除。因为在睡觉的时候，筋肉的疲倦可以自动地恢复过来，难怪在醒来后便觉得已重振精神了。

不过,一旦患有神经衰弱病,便不能好好地安眠。虽然睡眠是属于全身的,但是它的重要效用无非是使那些工作疲倦的神经系获得休息而已。一杯多余的咖啡,可以使你失去安眠;过分的快乐兴奋或悲伤,也可以使你不能睡眠;而麦克白的惧罪之心,剥夺了他的睡眠。所以,睡眠是不会有一定规律的,它随着各人的神经质、生活习惯、年龄、职业等而互有差异。无论哪一个人,也不论是从事哪一种职业,他的睡眠起居总应该有适当的调节才好。

这里有几点小经验,是应该请你牢记的:

第一,不可忽视了睡眠,因为这是人生很重要的事。不要去弄醒小孩子,要知道他们之所以睡不醒,是因为他们的确需要这么多的睡眠。假使用闹钟来闹醒那些业已睡足的人,那当然是可以的,要是用它去减少睡眠,那它实在是一件害人的东西了。

第二,应该多休息,免得你的精力过分疲倦。我们常听人说"太倦了,睡不着""太饿了,吃不下",可是,当一个人创伤过深,或者被疾病折磨得太痛苦的时候,却可以获得一次极酣美的睡眠,尤其是小孩子,在大哭以后,跟着便是酣眠。我们在着手去做一件繁重的工作以前,必须先得到充分的睡眠。要知道,用充分的睡眠来防止过分的疲倦,比在疲倦后再用睡眠来恢复,似乎要上算一些,因为这样不会让身体太透支了。也许你不能安睡,那么坐着休息也是好的。

第三,你应该尽你所能,养成一个有规律的睡眠习惯,以便使你格外适应工作。不过这一种习惯,是应该有一点伸缩性的,正如你的工作习惯一样,免得你感到不舒服。对于过分年幼的儿童,尤其应该让他有充分的睡眠,有许多愚蠢的父母强迫孩子们在晚上玩耍,这是何等荒谬的举止啊!

第四,你必须养成一种管束自己的能力。尤其要训练儿童养成到一定时间就睡觉的习惯,免得再麻烦地去强迫他们睡觉。最危险的是断断续续地睡觉,因为它会使我们难养成睡眠的习惯。

第五,睡眠以前,也应该有一点准备。比如在黑暗的环境中,以正当的姿态闭着眼睛,摒除心中一切杂念,有睡眠的自信心,等等,然后睡眠才能欣然地降临。什么东西都可以强制执行，唯有睡眠是不能用命令来强迫的，你越是想睡觉，你便越是睡不着了。

上面我所说的种种，虽然是针对普通人的情况而言，但也能适用于大多数人。至于那些少数的例外的人，也就只好让他们来迁就多数了。这几条小经验同时还可以扩展到各方面去。关于孩子的睡眠，不妨给予这样的固定时间：四岁的儿童，需要十二到十四小时的睡眠；九岁的儿童，需要十一到十二小时的睡眠；九岁以上的儿童，需要八至十小时的睡眠。

此外，有人是需要长久的睡眠时间的，也有人是只要睡得很熟就可以的，还有一些人老是睡不着，患着失眠症。对于这些患有失眠症的人们，我有一个忠告：请你们不必烦恼，不妨用安宁清醒的休息来替代睡眠。如果看书之类的轻松工作能够促进你的睡眠，也不妨利用一下。

根据心理学者最近的发现，有些失眠症并不是因为烦恼。有一部分人以为睡眠是一种坏习惯，我们的睡眠应该愈少愈好，也有人以为睡眠过多正如吃得太饱一般会有坏结果。结果，由于这些观念的影响，人们渐渐形成了一种特殊情形的失眠症。

　　总之，用睡眠来协调精力，是原始人类天性中的一部分，是受着自然规律支配的。可是，现代的夜生活以及其他种种生活，都会将我们的睡眠时间减得过少，这对于我们的精力究竟有无妨碍，其实可以有一个最简易的验证方法，那就是看看我们白天的工作是不是做得有精神，以及是否还有剩余的力量。

一五、含蓄的艺术

著名的心理学家威廉·詹姆斯曾说过这么一句时髦的话:"他把美国的心理学,放到地图上去了!"

他还曾写过一段话:"我读过这样一本小说,当作者将女主角人格的美好和兴趣描写完后,加以总括起来说,她最可爱的地方就是无论何人看见她后,总觉得她好像是'盛在瓶里的光辉'。"这里所说的"盛在瓶里的光辉",实际上是我们的一种理想,一个年轻女郎的性格应该是这样的。

他还引用了一位苏格兰的著名精神病专家的评论说:"你们美国人太容易把表情显露在脸上了,你们好像是一支庞大的军队,所有的后备军也都同时行动。英国人就不是这样,他们的表情比较迟钝,可是他们的一切都有一种比较完善的计划。

他们储存了许多精力,以备不时之需。这种处之泰然的态度,这种含蓄的表情,我以为是英国人民最稳妥的屏障。此外,我觉得你们美国人常常给我一种不安全的感觉,你们应该将彩色调得清淡一点,因为你们对于任何事情总是喜欢表现得太露骨。同时,对于日常普通的小事,耗费得也是太大了。"

美国人这种容易兴奋的性格,批评家对它有两种看法,而詹姆斯对于这两种批评有了一个更公允的论断:美国人一旦在欧洲住得很久,就会习惯于当地通行表现的精神,处处显出一种呆滞的色彩。当他们回国以后,对本国的同胞的情感也异样了,羡慕他们的眼睛能够射出强烈的光辉,能够表示强烈的热情和渴望,能够有一种极端活泼与和颜悦色。虽然这些情感有的人表现得多些,有的人表现得少些,但无论如何,他们的表情使人(即使是向来很悲观的人)见了也会感到兴奋。

所以,一位旅欧多年的侨胞,当他回到纽约的时候,不禁感慨地对欢迎他的亲友们说:"你们是多么的智慧啊!这与我在英国所见的呆滞的面颊,鳖鱼似的眼睛,迟钝无生气的举止,是何等的不同啊!"

的确，这种紧张、迅速、灵活的表情，便是美国人所共有的一种特色，也是美国人所自以为的最合乎理想的表情。可是从医学上说来，像这样的容易兴奋，容易受刺激，实在是心理上一种极大的弱点，但是美国人是从来不会想到它的。

从上面的内容我们可以知道，各民族间精神上的差异，是一个很值得注意的问题。美国人常常说，英国人是我们的堂兄弟。可是，从心理组织上说起来，英美两大民族的血统，虽然隔得还不算很远，但总觉得比"堂兄弟"要疏隔一层。

假使我们用心理学眼光批判地来看，英国人的稳重的确是一种健全的合乎理想的性格。像美国人那样容易兴奋，容易热情，容易受刺激，容易把精力沸腾到最高度，使行动好像一根有高电流的铁丝，实在是在过分地消耗自己的情感，使精力无益地被浪费掉。说一句过激点的话，就是一种退化到儿童时代的兴奋行为。

无谓地消耗精力，不仅是因为太急促，也是因为过于急进、驱逐、纷扰的缘故。稳重并不像我们理想中的那样呆钝沉重和难于移动，而是一种有约束的含蓄的力量。从我们最近的心理习惯上也可以看出这一点。比方说，现代的汽车永远准备着到处乱冲，这足以象征美国人的特性——无论什么事情，总是喜欢往前直冲。美国有这样一句俗语："我们不晓得自己要到哪里去，但我们尽可向前走！"

这种瞎走的满足蒙蔽了一个最紧要的关节，那就是在我们未走以前，没有选择好正当的途径，往往使我们容易失足堕落。那些自以为的急进者，和一些盲目的奋斗者、雷厉风行者，他们还没有弄清楚努力的方向便开始乱冲，所以他们的结局是失败居多。即使偶然达到成功，也只好是归诸"侥幸"了。

不论什么事，太过分就是不对。许多人往往容易走上极端，过于约束和疏于约束都不好。要知道精神的安适，原是需要有一定的规律的。伟大的工作，不可缺少稳重和涵养的精力。把宝贵的精力无谓地消耗于奋激和扰攘，那便是浪费。不过，活泼灵敏也不可缺少，因为这可以为生活增添一点生气。

总之，我们研究各国的心理习惯并不是一件毫无意义的工作，至少可以使彼此都得到一些益处，正如通商订约一般。

一六、如何战胜抑郁

抑郁是一种病症,换一句话说,是你的精神系出现了某种毛病。在平日,我们的生活里至少储存着一些希望、满足和快乐,要是患了抑郁,那就好像借债的人支用过度的账目一样。

这种病态或者随时支用过度的现象,不久就可以补充一部分新鲜的精力,或者会变成一种多年的病症。不论这种病症的起因是怎样的,它总是由于精神的情绪上发生过一种深切的剧变,才会有这样的结果。

一个人要是长久抑郁,很可能酿成一种严重的精神错乱。所以,患有抑郁症的人,往往会无故惊恐。而惧怕发展到更坏的地步,那就是变为癫狂状态。

当我们喝醉酒的时候,手足垂萎得像一个患瘫病的人,或者颠蹶不定得像一个患癫痫病的人。不过,只要经过舒适的休养,便立刻可以复原了。

这种酒后的抑郁是非常厉害的,但这与真正的忧郁症的背景和病源还有些不同。这种抑郁是来去不定的,来的时候比去的时候要明显些,失望的黑暗渐渐地变为希望的光明,好像黑夜渐渐变为曙光一般。

真正的抑郁,它的病源是疲倦。你心情的气压表,每逢阴暗、沉闷、惨栖的天气会比较低一些;如果恰逢你很疲倦或者是很饥饿的时候,那便完全低落下去了。但是,只要经过一次充分的安眠和丰美的饱食后,你的精神就可以恢复了,心情的气压表又可以上升了。这正如一句俗语所说的:"命运不能伤害我,因为我已吃饱了!"的确,我们在晚餐以后的心情总是欢乐愉快的;在未吃筵席以前,是不会有人募捐的。

神经衰弱症(请认清这个名词包括许多普通常态的人,有的还是一般人中最优秀的)的病象也有种种不同。有的是睡眠受影响,有的是消化受影响,有的是精力受影响,有的是脾气受影响。总之,神经衰弱最普遍的现象就是睡眠不适、消化不良、容易疲倦、兴致很低等。

在所有的病象中，抑郁的病象最难捉摸。如果你是患有抑郁的人，你就可以明白它是怎样的一种滋味了。当然，这种病象在生理方面也可以看得出来。比方说，由排泄作用而排出体内的毒物。俗语说："人生是否有意思，由肝脏而定。"

这种抑郁的确有点莫名其妙，好像有一种恐怖的不幸时时笼罩在心头，除了感觉满心难受以外，就不再有什么安慰了，以致人生的乐趣从此断送殆尽了。

其实，心有抑郁的人，他们也常常想抵抗这些障碍，希望能脱离失望的旋涡，鼓舞起那已经衰落的勇气。他们带着沉重的心情和充满泪水的眼睛，极力想从泥泞中爬上坚土。只要有决心，他们总有一天会觉得心上的云雾忽然散去了，心中稍可得到安慰。渐渐地，他们的生活也就有了欢乐。

所以，我们对于自己的抑郁，不必过于担心。从前有一个患抑郁病的人，曾对我这样说："我并不觉得真有什么忧郁，不过正好是如此罢了！"后来，他摆脱了这种情绪，觉得心上平静了一点。

有人这样提议过：我们可以在每天早晨对着镜子审视自己的笑容，或者在每次感到心中有什么不快的时候就练习这种笑容，习惯以后，即使遇到最重大的事情，心中也会处之泰然。

其实，还有人喜欢在早餐的时候玩着爵士音乐。不错，我们如果能养成一种特殊的嗜好，那便可将我们心上的抑郁驱除了。

一七、怎样排除你的忧虑

烦躁,当然不是一种疾病,但却是一种病征。这种病征可以使我们在心理上感到许多的不适,这些不适不妨用许多名词来称呼它们,但这些名词并不能解释它们的内容。虽然我们可以说,这些心理的不适都是一种不好的习惯,可是,这还是没有解释清楚。实际分析起来,这些心理的毛病都是缺欠、无能,总之是一种较轻的精神薄弱。惧怕、忧虑、勉强、围困、兴奋、害羞、抑郁、默想、神经过敏、突然的脾气、愠怒、恶行等,都是由于背后有一种潜势力在作祟,它常常扰乱我们的精神安适,使我们老是闷闷不乐。

于是,产生了这样一个问题:这些烦躁的心理究竟是什么精神上的不适呢?这是我们研究烦躁的第一步。接着,我们又要问：这种病征的内部是怎样的？烦躁的根源是什么？

我们分析的时候必须从这一点考查到那一点，从这一块凑合到另一块，然后我们才可以得到一个完全的、清楚的、正确的图解。

据我们最初的猜想，烦躁是由疲倦而来。因为我们在烦躁的时候，往往觉得昏昏欲睡，疲乏极了。据心理学解释起来，疲倦是由于你的精力过分消耗，超过了你所储蓄的。换句话说，就是你的储存力的降低。

一个静养的神经组织，可以保持储藏精力的平衡，可以抵抗一切不良情绪的攻击。正如在生理方面，一个强健的身体可以去抵抗霉菌一般。你要重视生理上的免疫素，它具有一种伟大的抵抗力，可以使你避免一切精神上的攻击。你如果具有了这种能力，就再也不会有精神错乱的时候了。

不论是疲倦，精神不振，还是脑力劳瘁，总之选择你最弱的一点进攻。你急于想摆脱这种病征，想成为一个完全的好人，于是你就会觉得烦躁不安。在同样的情形下，有人感到烦恼，有人感到恐惧，有人感到扰乱的痛苦，有人感到睡眠不安甚至做噩梦，更有人感到非常抑郁，也有人感到烦乱不能专心……总之，不论谁得了以上任何一种病征，都以为自己得的是最坏的一种。其实，这些病征在根源上都是很相近的，或者可以说，归并起来就只有烦恼一种了。这便是我们之所以成为烦恼的人的缘故。

烦恼这东西的确是一个人最坏的弱点。因为一个常常烦恼的人，即使他烦恼的事已经过去了，这烦恼的印象也还是会深深地存留着，渐渐地形成了一种心理上的习惯，使他不得不整天烦恼着。

矫正这些心理上的弱点，应当从根本着手。胆怯是烦恼的"老祖宗"，不论是健康的人，还是精神不安适的人，大多是犯了这个毛病。有人把胆怯比喻为"心灵的漏洞"，试想一个有漏洞的船，要它前进不是很吃力吗？所以，必须设法修补我们心灵上的漏洞，然后我们就不会烦恼了。

但怎样去设法修补呢？我以为先要从生理方面说起：得到充分的休养，不可过分努力，进食须在平静的状态下，要有适当时间的运动，疲倦的时候应该休息，等等。趁着疲倦尚未形成的时候，先应该把它刈除。在生理方面精神充足，就可以免除重重心理上的胆怯，使烦恼的根苗无从茁长。

"忘记它！"这是一个驱除一切烦恼的最简易的秘诀。你当然不愿意让烦恼存留在你的心灵上，正如同你的心灵不需要接受食物一般。那么，你只要把所有的不快事件完全忘记，就可以破除你的烦恼习惯，你便会觉得快乐了。不要去为你的烦恼习惯而烦恼，应该给予它一个机会，好让它自行消减。

一八、抑制情感的最好方法

在心理学中，最奇怪的一点，就是我们对于情绪的态度。

有许多态度是很明显的，比方说，我们都有惧怕，但因为我们都不愿做一个胆小者或者被人认为是胆小者，所以，我们都尽力地抑制着惧怕，不使它表现出来。可是，我们关于同情心的情绪却是相反的，极力地希望能使人知晓，比如当众襄助这件善举便是一个绝好的例子。此外，男性的思想是要坚强庄严，不要柔软温和。因此，他们除了表现许多雄壮的情绪以外，还得抑止其他各种感情的表现。

为了要抑止你的感情，在有些地方，你就不得不采取强硬的手段。对于眼前的事物，你应该具有鉴别能力，要选定那最好的。不要慌急，不要胡为，不要胆怯，不要战栗，许多人都想占你的便宜，许多人对你的损失漠不关心，不加以少许的怜悯，也不会顾及你的感觉如何。所以，你必须披上铜甲，把你自己变成钉子一般坚硬。不要让别人超过你，什么音乐与艺术，总之一切无益的事情都不要去管，你要努力干你的事业，你应该处处要强硬。

有许多强硬的人，在办公的时候是一副态度，在工余的时候又是一副态度。不过，无论如何，一种强硬的坚壳已经包裹了他的全部性情，使他无论做什么事，都不能够冲出这个范围。于是，他永远成为一个强硬的人了。大财政家糜尔根是一个著名的硬性人物，尤其是当他推行政务的时候，总是运用他的强硬手腕，丝毫也不肯放松一步。他曾说过一句风趣的话："炒熟了的夹肉蛋块，就不能再使它变成生的！"

这就是说，一个人强硬了以后，便绝不能恢复为软和，因为他已经"硬化"了。过分硬性的人，他将蒙受一种不良的哲学和心理学的害处。可是，要是真有人告诉他这些话，他也许反而会以为告诉他太柔软怯懦了。其实，他已经被强硬的坚壳阻断了世上许多有意义的事。痛快地说一句，像这般阻塞自己的感情,最终他在这世上只是做了半个人,并且是做了半个坏人。

无论在哪一种事业中,那些真正伟大的人物,总是站在宽大的路线上。他们有宽广的兴趣,他们有宏远的眼光,他们对于大多数的民众具有强烈的同情心,他们也决不愿意让他们的事业去阻拦他们过有意义的生活!

那些强硬的人,往往因为怕人讥笑他惧怕自己的情绪,所以格外掩饰起来。不过,假使他的掩饰没有成功,那么他的失败也就更厉害。有趣的是,许多本来极聪明的人,为了醉心于自己的事业,不惜去询问那些算命的人,去卜算他们未来的命运。可是,一个普通的有常识的人,都绝对不会这样做。所以,平心而论,那些强硬的人实在没有他们自己所想象的那么强硬!

总之,这些人对于生活和自身的享受,用了一种错误的手段去获取。要知道"硬壳"这东西,生在乌龟的身上,我们是不反对的,因为它们没有其他的法子可以保护它们的身体。可是,我们人类是十分复杂的动物。假使你压制了你任何一部分的天性,结果便是使你缺失了这一部分的天性,以致使你成为一个不完全的人!

一九、慎防神经过敏症

威廉·詹姆斯曾把世界上的人分为两大类：性情粗暴的和性情温和的。其实，粗暴的不一定完全粗暴，温和的呢，也不见得完全温和。所以大多数的人们，倒还是折中的，虽然不是特别好，但也不是十分坏。他们多半是倾向于两者之中的某一类。究竟我们是属于哪一类的，那要看我们应付事情的态度是怎样的，尤其要看我们感情的反应如何，然后才可以决定。

在这个风云莫测变幻无穷的世界，我们不得不遇到许多不如意或伤心的事，我们的感觉是如何的呢？那些不能忍受肉体痛苦的"嫩脚掌"以及头脑稚嫩的人，对于每件事都感觉敏锐，只看到生活最柔软的地方，所以常常容易造成不快的感觉。

生活过于优裕的人，他们有如暖房中的花朵，反而有点失去自然意味了。这种过于享受的生活，也同样地使我们失去了做人的真滋味。我们应该常与各种各类的人们往来，并和各种不同的事物相处。大家都应该公开、自由、友爱、平等地互相协助，这样的生活才不失为有意义的生活！

生活的教训，必须从生活的经验中去获得。我们对于一切的事物，都应该经过缜密的考虑，然后去决定接受或回避。尤其是教养儿童，我们要格外注意到这一点。因为儿童的性情多少是容易养得娇嫩，所以我们必须加以刚强的训练。当我们给儿童讲故事的时候，往往喜欢讲什么"真公主"的故事，说到她虽然穿着乞丐的衣服，但让她睡在铺着十四层厚鹅绒褥子上时，她因为觉得在最下面一层褥子下好像有一枚针，便翻来翻去，整夜地不能安睡，由此证明了她的确是一位真公主。这样的故事，虽然可以使儿童听得眉开眼笑，但对于儿童的实际生活是丝毫没有帮助的。我们应该把儿童导引出婴孩时期，不要让他们为了一点微伤就哭个不休；为了一点小小的不幸，或者是稍不满意，就开始发怒。免得养成他们对于每一种失望都觉得难受的习惯。而要使他们从小走惯荆棘地，锻炼成一种"履险如夷"的性格，使他们可以随时随地克服一切的困难。

此外我们还得注意，要使儿童对于各种优美的事物和环境能够有敏锐的感觉，这样才可以增进他们对生活的热爱程度。我们常常见到许多人虽然受到很多的折磨，过着颠沛穷困的生活，但他们依然能在不幸的境遇中求得种种的快乐。因此，我们必须要教导儿童，使他们明白：住在茅舍中，有时也可以得到满足和快乐；而住在皇宫里，也有所谓的不幸和忧愁。

禀性刚强的人，往往只知道为自己的生活奋斗，而不愿去理会他人的感受，甚至于连自己的感受也很少注意。但柔弱的人，总是再三考虑着生活，他们能够敏锐地感到快乐，也能够深刻地感到愁苦。

再说到人类的兴趣，它和人类的感觉一样值得研究。硬性的人们，他们很少受到自己感觉的骚扰，因此能专心地去从事较大的事业或竞争；他们的生活平淡，没有刺激性的满足。而那些抵抗坚强的人，都是不值得被重视的。

世界上有许多工作是必须由硬性的人来做才合宜的，也有许多工作，完全需要细腻的心思才能达到完美的地步。所以，这两类人在这世上是同样重要的。

不过，从大体上说来，现在的世界还是粗野严厉占一点优势。因此，柔弱的人出路是比较困难些的。换句话说，不能使环境适合于他们的需要。结果，这两类人是永远不会有互相了解的日子了。

尽管这两类人如此不了解对方，他们还是得常在一块儿。最好的补救办法是使他们彼此让步一些，各人去体验一下对方的处境，那就比较容易了解对方了。

有一位著名的精神病专家，对于各种各类人的性情有过相当深入的研究，他说过一段很好的议论，我把它介绍在下面：

那些受过训练的人，养成了一种错误的观念：他们以为每一件事都有一定之规。因此，他们把一件极小的事也看得非常重大。他们的一生，一直在向着这个错误的观念一步一步地深入，直至不能自拔为止。

当然，我们是需要精细的人的，至少这世上是不可缺少他们的。因为他们可以创造优美的东西，他们有的是艺术家，有的是诗人，也有的是音乐家……总之，这些都是好的。在平静安闲的环境中，我们不能说他们有什么坏处。不过，一些普通的人在平常的情形下，为着自己的一生而工作，他们需要寻求快乐、奋斗和成功，那么，他们假使过于娇嫩，过于容易感受一切琐细的刺激，岂不是会常常感觉难受吗？所以，在十诫中应该再新添上第十一诫："你不可过于自扰！"

如果赋性娇柔的人，能够文雅而不自扰，而那些坚强的人，又能够勇壮而富有情感，那么，这世上的男女，一定可以得到更多的快乐和幸福，一定可以使他们的精神格外地康健！

二〇、理想的精神乐园

精神健康最理想的园地,就是不要太过于孤独,长久地离群索居;也不要太过于热闹,弄得乌烟瘴气。比较折中一些的办法是:不但要有节制,还要均衡地满足人类两种相反的需要——私静的需要和友伴的需要。

所谓"私静",这是属于文化进步之后的生活。要知道原始时代的生活是以部落为单位的(那时还没有盛行家庭制度),各人除了所穿的衣饰,根本没有什么私人的财产,像印第安的土人,便是大家聚居在一个村子中,什么东西都是大家公用的。

福莱杰女士是一位著名的研究印第安土人的专家,她常常去和土人们一起生活,她以为最不方便的地方就是太没有私静的时间，因为找遍了全村还是寻不出一块私静的地方。只有跑到一个英国人的家中，才可以暂时与骚扰的人群隔离。

我们常常在许多办公室的门上见到"肃静"两个字，从心理上说起来，这的确是对的。工作的时候必须私静，唯有在娱乐的时候，我们才要去寻找伙伴。因为工作是要专心的，所以我们每逢工作的时候，必须暂时与家人、邻居以及周围一切的人群隔离才对。

我曾经仔细想过，钥锁这东西倒并不是真的为了防备盗贼而安置，它的唯一作用便是维持私静。我还可以说，除了清洁以外，人世间最宝贵最有价值的东西要算是私静了。然而，我们所住的地方，往往是吵闹喧嚣的居多。尤其是文明愈进步，环境也愈嘈杂。打字机的"哒哒"声，汽车、无线电等的喧哗声，可以传播到各个办公室中，扰乱了许多人的工作。如果要解决这个问题，只怕耗费整个美国的财富，也是无济于事的吧！可见，空间比时间要宝贵得多，唯有大公司的总经理才有享受私静之福啊！

但是，也有一班人，他们是反对私静的。他们把它看作是

第一篇　使你身心安乐的种种法门

一种非平民化的自傲心理，更过激一些的人，痛斥这是躲避群众的不道德行为，就像从前那种贵族的客厅一般。此外，做害羞的事或不正当的事时，也是需要私静的，正和工作的时候一般。关于这些，我以为正和其他一切的行为相同，要看它的动机是怎样的。

再进一步说，我们之所以要寻求私静，不但是为了可以专心做事，而且是为了要休养我们的身心。因此，我们必须要有私静的时候，然后我们才可以多多自省。原始时期的人们，要寻求旷野，以为这是受过幽灵感化的地方。而处于现代的我们，问题就转变为怎样去收回那已经失去了的恬静乐园了。我们必须要有充分私静的时间，这样才可以修身养性，使我们有一个健全的生活。

私静绝不是离群的解释，而是与人群交接的准备。在许多事上，我们是常常需要他人的。尤其是儿童，特别需要依赖他人，但也应该使他有私静的时候，以便让他能够独立地发展。

社交的年龄，由自然的安排，迁延着直到儿童需要发展的时期。我们从他人那里学来很多东西，也和他人共同学习。

照一般情况说来，人类的天性都是乐群的，他们喜欢聚集在一起。虽然如此，人类同时也需要有私静的时候。

不过，太孤单也是不对的，它最大的危害是会使那些有些神经质的人，变得格外害羞，不愿和人相处。所以，一个常常为悲哀、疾病、烦恼所困的人，如果要想迅速地恢复他的常态生活，最简易有效的方法就是常与常态的人混在一起。要知道，太与世隔绝了的人便会失去常态，一个人不能躲藏在屋子中与自己的影子做伴，他需要与广大人群来往，接受他们的欢笑……

在悲伤的时候，或者是集中精力奋斗的时候，我们的确比较需要孤独。不过，我们不可忘记，我们同时也需要伴侣。一个过分孤独的人，只知道随着自己的意志而行，很可能会成为一个孤僻的人。

在城市中居住，往往会养成一种根深蒂固的"乐群"观念。也许我们要以为那些平日做工的人，一旦逢到短促的暑期，一定想变换一下环境，逃避到深林或高山中去吧，但事实告诉我们，他们反而跑到了拥挤的海滨大道上，混杂在从别的城市来到这里旅行的人群中。这又应该怎样解释呢？

电话和汽车给予近代交通以极大的便利，它们可以使人群聚集，打破过去乡村那种孤寂的隔阂。因此，我希望那些有天才的人，赶快发明一种方法来保障我们的幽静吧！一切世俗的扰攘，对于我们的身心健康来说，都是很大的威胁！

二一、恬静——美妙的生活

我们已经看到许多文章讨论到我们生活的转变，比如爵士音乐的吵闹、传统思想的瓦解、家庭关系的崩溃、青年的反抗等。因此，我们不得不思考，它们究竟有什么意义和潮流，并且还要研究在解放的变迁中，是什么被摧残和遗失了。

我们不是需要一个有节制而平衡的生活吗？但是，这种现代的纷扰，使我们似乎感觉到失掉了一种很可贵的元素，或者可以说，似乎有一部分很有价值的生活处在了很危险的地位！

一个健全、完美、自足的人所需要的难道不是一种恬静的生活吗？但是，在现代化的今日，什么事物都在积极地向前推进，连家庭的灯火也替代了以前社会的火炬。这样就消减了我们恬静生活的中心，至少这种机会不会再像从前那么多了。

"不论运气如何不好,还是留在家中的好!"这绝不是一句软弱的话,这句话正表现了人类心理的一种根本的需要。在现代化的今日,车轮的进步使我们太容易游荡移动了,以致使人类都染上了一个"移动癖"。我们有点担心,在不久的将来,要不要使我们的国家退化为一个"无家的国家"?至少,恬静的生活,是再也没有存留的机会了!

到那个时候,公寓将要成为人类临时的储存所,租期十分短暂,一地的人可以很迅速地调换;每逢吃饭的时候,就跑到那些假称为"家常便饭"的饭馆中去;晚上的时间是消磨在电影院中的。也许他们还要埋怨没地方好玩,只好窝在家中呢。

这种现象是何等危险啊!不仅过于要求兴奋、刺激、肉感,而且对个性的涵养根基打击太重,以致削夺了平静的生命时光!

"金窝银窝,不如自己的狗窝。"这一句流行的家常谚语,过去在火炉旁是常常可以看到的。但是,火炉已转变为暖气管的现在,重新写上这句谚语好像是有点不大相配了。因为置放火炉的地方，早已随着家庭而消失了。要是家庭依然可以存留，成为一种朋友们聚谈的地方，甚至成为一种生活的中心，那么，这个暖气管听任它存在也无妨。

请看啊，在这个世界，喧闹代替了安宁，离散代替了聚集，那安宁的聚集的生活已然岌岌可危了！全家的人将各走各的道路了！少年人认为老年人无味，老年人又认为少年人轻浮，这种聚集的分裂是一个多大的损失啊！

虽然我们说外界的事业是多么的重要，但社会的聚集是决不能替代家庭这个中心的。要知道，在一个良好的家庭中成长比得到一种优秀的社会传承，还来得可贵呢！这正表示，你是在安宁的聚集生活影像中生长大的。小孩子为什么会认为母亲可贵呢？恐怕真正原因就在这里了。

所以，我们在安宁聚集的生活下，不但可以消除烦恼，而且可以养成兴趣。这便是有一种成熟的兴趣的年轻人，之所以有忠心家庭的感觉的原因。这一种议论，在一个冷酷者看来，他会批评太感情化太陈旧了。不过，我们以为，这的确是达到精神健康的不二原则。

这世上，要自立成人的很少，并且他们有许多不完美的地方。不过，他们如果能自行创造一种安宁聚集的生活，那么，他们的成就也一定可以增进不少！所以，大多数正在生长的人，这样的一颗心是必须要有的。尽管家庭是如何简单或不完整，直到今日，它还是唯一能供给这种安宁聚集生活的地方。

一个没有稳定环境的民族，便没有立足的根蒂，所以，也就不觉得需要这种生活。但是，生长在这种环境中的民族，在精神上是否安适，那还是值得研究的！

对于那些守旧的人来说，他们是不怎么关心这个问题的；但稍有些进步思想的人，便会觉得这个问题是十分值得担忧的。

二二、"好而愚蠢"与"聪明而顽劣"

"让一个坏小孩变好比让一个笨小孩变聪明更容易一些。"这是英国一位著名的生物学家和生理学家所说的话。

好而愚蠢,原是一个非常普通的双名词,往往使我们联想起一个与其相对的双名词——聪明而顽劣。

在这里,有一点是很明显的:行为便是这两个双名词的试验。观察你怎样做是最重要的。怎样做是对的,怎样做是聪明的,都可以从你的行为中看出来。每一个人的行为,可以使别人认识到他是属于哪一等级的人。仁慈的行为,很好很愚蠢;聪明的行为,太残酷太卑劣。

心理学上还有许多问题含糊得好像谜语似的,往往不容易找出一个正确的解答。比如:天真的意思,是否便是头脑简单或胸无城府？世俗的智慧，是不是不让你的良心去阻碍你的利益？作为的解释，是懂得德行和智慧的把戏？没有错误的观念，是否就可以有把握得胜？

这一类的问题，可以训练我们，使我们变好，使我们变聪明，使我们能够心地正大，能够使我们心智和道德健全。

我最近问过一位美国的著名作家（他对于书籍中许多人物的生活和思想都是很清楚的），什么是我们现代人最大的错处？他的回答是："现代人过于看重智慧而忽略了正当的情感，把脑子放在性情之上了。"

从这一切的意见中，我们可以获得一个共同的结论，这个结论我也认为是十分正确的：我们注重一个人正当情感的态度、健全的嗜好、良好的道德，比注重他的学识、常识、智慧、伶俐、聪明等，还要来得重要。

不过，从我个人的角度说起来，每次我不论见到哪一类的蠢人，总是感到一种说不出的不舒服，或者是不方便，而且这种感觉是非常敏锐的。照理来说，我们应该忍受这些蠢人，特别是那些有政治野心的，但我总是忍不住。

在许多次道德和智慧的辩论中,道德没有一次不是优胜的。不管无智识者所过的生活和有智识者所过的生活比较起来是怎样的平凡无味,我们还是一致承认,良善和智慧比较起来,那就像美一般,可以说是奢侈品了。世界上要是真的没有"美的艺术",那该是如何的惨淡无味呢?所以"德行"还是有"优先权"的,虽然它总被一般人看作是平淡而朴实的。

心理学家在两种结论上获得了许多可安慰的点:第一,我们改造一个人的道德比改造一个人的智慧要容易些。第二,除了少数的例外,大致上说,道德和智慧是并存着的。这绝不是一种选择项,就像在茶里面只可以选择放柠檬或牛乳一样,而是两者都可以具备的。你可以在学识上和道德上,同时做一个自大或谨慎的人。

智慧这东西,即使你运用整个的心智或心理活动,也很难把它改变。虽然你可以用思想增加许多学位的头衔,但你决不能把智慧增加一点。除了特别的例外,用智力测验的方法来考查一个学生在学校中多年的经历,他的智力大概是不会有什么改变的。六岁时的测验当然和十六岁时的测验大不相同,但这不过是表示心智的增长。

这种测验所忽略的地方，比所注意的地方要多些，尤其是学生兴趣的变换。最明显的增进，就是他感情自制和意志行事的能力是在逐年增强的，渐渐地为他接近一种道德生活而奠定了初步的根基。

据一般心理学家的意见，这种行为的基本特性是可以教导的。所以要一个儿童变好，会比改变他的智慧来得容易一些。同样地，愚蠢比作恶要难于医治一些。可是，我们不必灰心，而应该格外努力，尽力地做一个好人！

此外，还有一点值得欣慰，那便是主导行为的两个因素——良知和德行——是趋向于合作的。邬兹博士研究皇家的遗传学时，曾挑选了许多皇族的家庭进行试验，他希望对于皇族的祖先和宗族知道得更清楚一些。结果他找到了许多可信的证据，使他获得了如下的结论：

凡是智慧高的人，他的道德也高；相反地，智慧低的人，他的道德也低。不过，有时候，智慧和道德是完全分开的。正如即使是在许多的罪恶、欺骗和阴谋之中，高尚有价值的生活也可以使我们找到极高的智慧!

　　所以,假使我们不能将道德标准提得和智慧标准一样高,恐怕大学有一天会变为一种专门训练道德低下的学校,而不再是培养高深学识心理的健全机构!

身心不安的十五种对症疗法

一、为什么他们会失败

　　我是一个不成熟的治疗心理病的医生，现在居住在一个很小的城市，这里的医生没有专长，差不多都是包治百病。许多人知道我对于心理方面比较有兴趣，所以，凡是有什么心理方面的疾病，总是到我这里来就医。其中比较严重一点的，我会把他介绍到附近一个较大的城市，找一位神经系专家诊治。

　　最近有许多人到我这里来咨询心理问题，可是我却看不出重要的病象在哪里。他们多半是一些失败的青年，在校的时候本来都是好学生，成绩也很不错，不过进入社会以后，就开始不思进取了。

　　他们起初醉心于学校生活，希望能毕业，想寻求一份合适的工作。现在呢，这些都已达到了，但结果只有颓废，因为他们缺少实际处事的能力。

他们的行为，谁都觉得怪异。他们没有整洁的服装，没有远大的志向。他们心中也许想结婚，似乎要等待某个女人来追求他，并且他们没有收入来结婚。他们不明白自己应该做些什么事，也不知道怎样去找工作。即使找到了一份工作，除了听从他人的指挥，也不懂得怎样去主动做事。这不得不使所有人都奇怪，他们为什么就是不能上进？

现在，他们都到我这里来问我。不过，连我也不知道他们所生的究竟是什么病呢。

——一个心理治疗医生

不论你是医生，还是心理学家，对于那些心理机能不甚健全的青年，切忌在开始就吓倒他们，说他们有什么极危险的病，说他们是天生如此，已无药可救了！

在这一群患者中，大多数的人还是有挽救办法可想的，尚有少数的人，他们的心理已停滞了多年，正如前面信上所说的。

像这样的人，医生不但无从下手，还必须非常小心。他们应该明了，有许多青年男女，在幼年的时期是常态的，到了成年时期，却停止了发展，甚至反而退化。因为他们尚未成熟，所以他们不知道怎样去应对工作、责任与婚姻。他们只是一天一天地怪异着，直到最后，他们已不会再有进步，于是便停止，或退后，或完全消沉了！

心理治疗医生另有一种专门名词去称呼这种病，但普通读者不必去知道它，总之，只要大家知道有这种病症就是了。另外还有许多病态，表面看来与此相同，不过，要是加以良好的指导，仍然可以回到正路，或许还可以干一些事业。

至于前面所说过的那些让人无法理解的失败者，或者是有失败的趋势的人，他们需要用另一种不同的治疗法，把他们恢复到常态。对于这类人，我们想要设法恢复到原来的样子，可惜已经迟了，因为他们所走错的路实在是太远了！目前补救的办法只有赶快查出他们的错误，引导他们到实际的事情上，或者是户外的兴趣上，最重要的是要让他们做一点事情。

只要他们能够熟心地做事，不论是做些什么事都好。做东西也好，敲打也好，搜集也好，或者能够赚一些钱，那自然是更好了。但是,你应当好好地指导他们,要知他们多半是不主动的啊!

他们真是一批可怜虫。不好玩,不热心,不能成为什么"迷",不能沉湎于某种事物,不能进入生活的游戏!他们的心力是内长的,而不是外向的。他们好梦想,好读书,好沉默,时常害羞,总之,他们的心智是凝结了的。

当然,我们没有理由去禁止他们的读书或讨论,但不可过于放任。我们应当设法把他们的心智从内长转变为外向,要使他们能够独立,能够维持自己的生活。我们要使他们时时观察外物,做事、管理要有条理,要注意外观,要使他们知道这世界是充满了责任和工作的,所以住在这个世界的人们,不应该梦想悠闲,不应该要他人来照顾自己。

那些常态的孩子,对于这些事物,是会自然而然地随着发展的,但对于这些变态的人,却不会如此。他们急需有人给予特殊的帮助,并且是愈早愈好。

本来,从孩子发展到成人的路途上是有许多困难的,不过,大多数的孩子自然地通过了这些难关,并且还发展得很快很好。一个人必须认清自己，能够按部就班，向着自己的目标努力，创造自己的前途，奠定自己的地位。这是每个人一生的关键！

但是，有少数人必须经过一番"改造"后才能做到这一步。这些人很早就需要有人扶助，而且是时时刻刻需要有人扶助的。假使他们没有获得适当的扶助，那么，他们就很容易成为一个让人无法理解的失败者！

二、怎样改变我自己

我在小时候就已经结了许多仇人，有的是自觉地，也有的是不自觉地。我时常会默想一些事物，并且容易把这些事物特别放大。

我对于周围的环境总有破坏的批评，但自己又觉得毫无力量可以去改造事物。凡我所做的事情，连我的婚姻也包括在内，我都又怕又恨，并且最怕听到别人对我的批评。但我的丈夫却偏是一个喜欢批评的人，尤其是他对于我的一切，似乎都有点不满意。

先生，请看我都能够这样地剖析自己了，但却不能解救自己！

在结婚以前，我对于种种不满意的环境，都极力希望利用结婚来一个根本的改变。谁知道，婚后的我更不如婚前，因为我的丈夫与我在种族、信仰、教养、人生的理想上都不相同。和我相同的只有一件，那就是容易发怒。所以，我一想到我俩的未来，不免感到极大的恐惧！

现在，我急于想改变自己。我尝试了应用心理学中所说的"肯定"的方法，可是结果好像适得其反，我又失望了！我以为那些有神经质的人，如果利用催眠术来诊治，收效一定很快。但我又常常怀疑，疯人院里为什么不利用催眠术？

数年前，我曾到一个疗养院去检查过，我和里面的某医生谈了一小时，他说我并没有什么毛病，我就一无所获地出来了。自从那时起，我好像比从前更难以自制了。我真有点害怕，我究竟要用什么方法，到什么地方，去得到解救呢？

我太昏乱了！先生有办法救救我吗？

一个失望的人

像这样的人，就是犯上了"意结病"。她的情绪不大安宁，并且充满了疑惧和愤怒，还带有一点自傲的心情，使她整个的心境开始昏乱，阻碍了一切快乐和安慰……

这是多数青年人易犯的意结，有一部分小孩子也是如此。从一方面说，她不能摆脱儿童时代的那些意结，内心依然充满了放纵情绪。愤怒、敌视旁人对于破坏的批评，不能适应环境，不能改造自己……这些，都有点近似儿童时代的任性习气。

当然，我们不能再使人回到儿童时代，重新加以教导。不过，假使我对于这个"失望者"的分析是对的，那么，我便主张对她重新加以教导。这位"失望者"很了解自己，所以对于治疗的方法也比较容易了解，可以使她拥有很多自制的机会。

先说催眠术问题，我要劝她不要再放在心上，因为催眠术也许对于他人有效，但对于她却绝对不行。其次说一下"肯定"的方法，"新思想"的方法，应用心理学等，她都已经尽量地利用到了。

她要摆脱这些问题，最要紧的就是要自己努力。只晓得要自由，只知挣扎，那是无补于事的。我认为要医她的病，她就先要把她的毛病忘记掉。要知道，挂念着毛病去奋斗的人没有一个不是失败的,因为她把毛病愈加塞进去了,而没有把它拉出来。

解救的方法非常简易,那就是用种种的方法解脱,竭力忘却自己的病。而在另一面,不妨对某种事物养成热忱的兴趣。她需要他人给予一些帮助,他人不必去医治她的病,而只要引导她离开她的病。这绝不是一日或一月之功,起初是要把她引入正道。(关于"正道",要根据许多特殊情形,在这里就不一一讨论了。)

总之,她的一切,决不能注定这是一个悲剧,而是有悲剧后果的趋势。因为还有许多人,虽然胜过了她的意结,却还是有常态的性情。

最后,我认为她的病倒并不是完全没有希望,至少尚有一些办法可想。但她的病既然是多年形成的,我们不能性急,而只能慢慢地设法把劣根拔除了。

也许有些心理分析师要反对我的意见,他们认为对于某些心理病症,如果看出了一种特殊的意结是和某种重要的心理相冲突的,只要对于这种特殊意结加以纠正,患者也就恢复常态啦!

或许如此,不过,我认为"失望者"的困难已经生了较深的根蒂,如何能在短期间拔去呢?虽然,不论根据哪方面来说,我相信她总有一天是可以完全复原的。

三、一个极难管束的女儿

我有一个女儿，现在已经十一岁五个月大了。约莫一年前，我认为她所受的训练是对的。可是现在，她的情形总是使我十分不安。

我的女儿是很聪明的，意志也非常坚强，她最怕的是自以为是严于训练人的父亲。我待她比较温和，对她说话也柔和些，但是，每当她有什么差误，我去矫正她的时候，她总是反驳说："别人能强迫你们做什么事情吗？"

在夏天露营的时候，她的成绩是最好的，在学校里，她也是一个很会读书的学生。我所烦恼的，是她对我缺少相当的敬意。我也想用斥责的方法，去强迫着她对我就范，但这是一种正当的方法吗？

她的父亲，在好久以前，就想送她到一个长年留校的学校中去。我还想告诉您，她对于宗教是很感兴趣的。

F.S.P.

上面这个问题，正和其他的许多问题一样，有些部分很普通，也有些部分很特别。

比较普通的是，大多数的儿童，尤其是男孩子，他们愿意遵守群众规则，喜欢过集体生活，而不肯接受父母直接的管束。所以，露营生活和学校生活是孩子们最乐意接受的。儿童服从学校和营队的规则，在他们看来，这不是服从个人，而是遵守群众（团体）的规则。这些规则的设立，不是为了专去管束或压制他们个人的。从这里便可明白，独生子为什么容易任性放肆了。

接着要研究所谓特别的地方。她的那种反常行为，发生还只有一年多。或许你要说，做父母的用两种不同方法教训女儿（这原是不可避免的普遍事实），也是一部分的原因。如果是那些年纪较大的女儿，因为对于这些差异已有明确的了解，所以不会反抗。通常说来，要反抗的儿童，年纪总是极小极小的，直到十岁以后，他们便可以逐渐地走入正轨了。

关于管束儿童的方法，是用威吓的方法对呢，还是用仁慈开导的方法对呢？我的意见是后者。假使父母子女间，有"爱"字相联系，这是多么的难能可贵啊！即使有的时候，威吓也可以强迫生出敬仰，但是真正的敬仰，却是由爱产生的。

你希望你的女儿，在十一二岁的时候，能够对你表示一种敬仰的心，这是很对的，可是，比十一二岁还幼小的儿童，却是很难办到的。不论你的子女的年龄大小如何，总之，敬仰是不能由强迫或命令来获得的，而是要出于他们内心情愿。有许多父母喜欢儿女的亲热胜于儿女的尊敬心。

这的确是一个很普遍的问题，也是一个极严重的问题。这个问题的核心，是有许多感觉敏锐的儿童，都喜欢反抗一定的训导。但他们并不是真正的坏儿童。要是常常压迫他们，他们便会变得更坏些。因为他们在受到这种所谓的压迫以后，会格外激烈地反抗而不快乐。

你确实需要建立你正当的威权，但必须用正当的手段去达到这个目的。有的时候，虽然可以用粗鲁的方法去胜过你儿女的意志，但你同时要记着，这是必须要付出相当的代价的！

你还应该明白，这种性格绝不是完全不好的，虽然很使人感到烦恼不便。简直是要像圣人一般的父母，才能应付得来呢！

有一个小学训育主任，他遇到了像上述那样的女儿，感慨地对我说："那个孩子不愿意服从管教，有一种领袖的性格。不过，他要是不知道学习服从，将来也只能成为一个暴徒，而不能成为一个领袖！"

我现在要重复一遍，一切教导的方法，都是要看如何实施的。这种心灵的药，不是看药的成分怎样，而是要看病人的反应如何。一切其他的药，其效用也是如此。一个儿童，假使只有表面上的服从，而在内心中依然反抗着，那有什么用处呢？

你还可以留心到，假使做父母的性格很和蔼，他们的子女，有些能熏陶成善良的习惯，有些却养成了反抗的习气，这是不能一概而论的。

就以上述的那个女孩子来说，把她送入一个长年留校的学校，的确是一个很适当的办法。况且她的年龄已经不小了，对于群众规则和团体生活，又向来能够服从，也许她可以因此变好的。但是，还得仔细考察：她是不是愿意去。她是会觉得自己被送走了呢，还是会以为这是一个很好的去接受教育的机会呢？我希望她是属于后者。

老实说，没有一所学校是可以代替家庭的，但是，经验告诉我们：有很多的孩子，他们在学校里比在家庭中，还要感觉快乐安适一点。那么，我们对于儿童的管教，不必过分看重教训，更要紧的是要怎样设法保持儿童的常态。善于使儿童保持常态的人，必定会把他的真意隐藏起来，因为他是一个艺术家。

上述的那个难以驾驭的女儿，到底是一个激进的人呢，还是一个神经过敏的人呢？有的时候，医生需要打断一根骨头才能把身体医好。但是，打断一个儿童的意志，那是很不幸的，除非是万不得已，否则不可采用此种方法。

学校生活可以建立一种平稳的心情，只要能让她经历一年，也许她就可以养成别的性格，变得驯服。

那么，为什么不把她送入长年留校的学校去试试看呢？

四、"性"感过敏症

请你不要透露我的真实姓名,让我约略懂得一些"处世艺术",好吗?我可以把我的毛病坦白地告诉你。

不论什么人,都以为我是一个很古怪的人。我自己也感觉到,每逢与男性交际的时候,心中总有一种难说的"不自然",连我自己也不知道这是什么缘故。

有人告诉我,这是由于自己的精神太过敏的缘故。所以,我现在也想极力改变。

我加入了一个游泳社,每礼拜去游泳两次。我看见其他女孩子都很天真活泼,只有我是这样呆笨,我希望能克服。如果有男性加入游泳,我便会觉得污秽。我虽然没有做错什么事,但我总觉得太呆笨,太不自然了!先生,你可以帮助我解除这种习惯吗?

加入游泳社以来,我觉得自己的心思好像已经纯洁了一点,但这对我也不能完全有帮助。

我还有一种偷看他人的男朋友的毛病,我也想赶快改掉,免得让别人对我有一种恶劣印象,以为我是一个多疑的人。我想,你一定以为我被这种思想所困,以致脑筋昏乱。我要老实告诉你,我现在常常头痛得厉害,这或许是因为我对于随便什么事都看得太严重了。其实,我并不是自己愿意如此的呀!

J.B.

读了这封坦白的信,使我想起一个很重要的题目:性别感觉的过敏。

性别感觉过敏的青年,比神经过敏的青年还要多!不过,这两种很容易弄混。从许多人生的目的上来说,我们可以自称为人类,其实,要是严格地说起来,这世界上并无人类,只有男人和女人。

这种性别过敏的感觉,发生得很早,大概在儿童时期就已经有了。性的感情，与诚实和幽默性的感觉一样，要经过几个不同的时期。我们把儿童时期叫作"天真时期"，那当然是对的。不过，要是把它叫作"无知时期"，不是更贴切一些吗？

儿童感觉的过敏，和男女儿童的好恶以及能力的不同，都是有密切的关系的。社会的风气也很有影响。

男孩子最先发现的事情，便是觉得女孩子是可以被戏弄的。恐怕同时这也是一种女孩对男孩的发现，因为戏弄是含有一种卖弄风情的意味的。

我们应该注意到，男女儿童在十几岁时的青春期，正是儿童心理根本转变的时期。虽然现在的青年男女，就是从前的年幼儿童，但他们的嗜好变迁是很明显的。他们的感情脾气变得深沉了，他们的行为举止也变成了另一种风度。男孩希望去接近女孩，女孩的卖弄风情也有点显露出来了。

假使我们带一个十岁的儿童去观看爱情电影，当看到紧张的一幕时，他也许会说或者想："剪去这一幕！"数年后，想不到他自己也开始这最紧张的一幕了。

一个十岁的小孩，当他阅读到《牧牛武士在旷野》的故事时，会觉得这是愚蠢的事，何必为了一个姑娘去冒这样的风险呢？可是，这故事如果让一个十五岁的孩子读到了，他会觉得这武士的勇敢行为使他得到一个姑娘，那是极应得的回报。

等到一个孩子渐渐长大起来，对于各方面的性关系，就会格外觉得有趣起来。尤其是对于异性的兴趣，会成为心理安适中最重要的部分。

关于这种性关系，在心理上，我们可以找到两种不同的特性和态度：过于积极的，举止太热烈沉湎的，是由于性欲过于发达；过于惧怕、避退、害羞，缺少勇气向异性进攻，遇到异性的时候，态度不能像在家庭中那样自然。

一般来说，受性压抑和受性羞涩痛苦的人，要比受性放纵痛苦的人来得多些。可是，不论哪一个人，总会觉得自己所受的痛苦比他人要厉害一些。

恐怕要一个聪明的人才可以告诉J.B.，或者是其他和J.B.同病的人，怎样去克服这种愚笨的行为。不过，去告诉J.B.怎样进行的人，恐怕也是一个愚笨的人。

须知道一个男子对于性的关系，只有"男人"的感觉，他并不觉得这是一件了不得的事,他更稀奇的是,为什么别人要视为了不得呢?他并不是不晓得女子觉得男子是有趣的,他也自觉这是值得骄傲的一点。同时,他更相信这是女人们最弱的一点。

J.B.要想竭力改善自己的态度,使她自然、大方,并且想尽量利用她的性本能,这都是对的。因为这世上有了男人和女人,才有味得多。如果能使这些男女间的关系健康地发展,这不是使人类的生命更增加一份活力了吗?

五、我害着神经衰弱症

我遭受神经衰弱病的痛苦已经几十年了。或许你以为我是受了这个病名的害处,其实,我还是最近看了俾尔特医生的书,才知道这个病名的。

我知道从前那种老观念,认为这是身体机能上的毛病,那实在是错误的。我也知道现在的新解释,认为这种病状是人格的分散。这是我所晓得的一切。我实在没有精力再将这些病状更仔细地研究下去,也没有钱可以去请教那些神经病专家,更没有自由可以让我选择自杀。我现在不想把琐屑的历史拿来麻烦你,只想郑重地告诉你几点。

我最大的症状就是感觉精疲力倦,脑力衰弱劳瘁。我想,这些症状应该都是你所熟知的。我二十五岁了,现在上大学四年级。我本是一个健康、活泼、正常的青年，我的家庭也没有什么神经衰弱的遗传。我在中学时期是很会读书的，毕业后，我也做过许多工作。可惜，就在这时候，发生了烦闷、厌倦、衰弱等种种征象，使我对于每一项工作都不能好好地干完。在二十岁时，我进入了大学，但那些沉闷、厌倦、脑力衰弱、心神不定等征象，还是没有消除。

我起初以为自己患的是一种烟精毒，后来，我请医生检查过，他说没有病，只需多多休养。我才明白，这是一种精神病。我还以为我害的是忧郁症，所以，我跑到图书馆，翻看了许多关于该病的书，我认为赛特拉医生的话最中肯，他说诊治忧郁症的唯一方法，就是要替心灵找到一种职业，使它可以消磨时间。

于是，我阅读小说，计算数学，我把它们作为我心灵上的职业。可是，我所获得的效果却十分地微小！

现在，我的病已严重到只走五步路便感觉疲倦的程度了。我也读过西德的书，他让我们不必恐惧疲倦，所以我又咬紧了牙关，故意去走长路。但无论如何，还是不能治好我的疲劳、脑力衰弱等病症。

我也觉得很稀奇，像我这样的身体，竟能读完了大学（中间有过两学期休学）。我是在有精神的时候，把学识塞进去的。我相信，假使我能找到一个满意的终身伴侣，也许可以医好我的病。

总之，现在的疲乏和沉闷已经妨碍了我的幸福，使我不能参与正常的交际了。因此，我不能再让我的病拖延下去，但能否痊愈，那只好碰运气了！

B.E.

不论是哪一个人的自述，都可以表明他对于自己的病有怎样的看法。在他自己看来，这并不是一种病，而是一种生活上的可怕表现。像这种极普遍的神经衰弱症，是神经世界中最可怕的。假使你想要驱走这些恶魔，就必须用那白昼的光辉，把它照耀个清楚。

这种不幸的人，对于那些恶魔，看得比实际存在的还要严重一些。他知道去找书本来解决他的困难，但是看得不够的话，还是不能有助于他。况且，书上的见解错误的与正确的同样多，用这些一知半解的学识去医治自己的精神病，不是非常危险吗？

对神经衰弱症的研究现在已经成了一种专门的学科。我们所晓得的，并不及我们所应当晓得的那么多。但是有几点，我们是必须要明白的：

原始的天性，绝不是说，你刚生出来就带有先天的神经衰弱的遗传性，而是说，如果有这种趋势，你便容易得这种病。

有些人神经系组织非常强硬，可以忍受许多困难、风波和各种人生的烦恼与悲剧；但也有人遇到一些小风就会跌倒，不过在跌倒以后，经过一度的修养，又能恢复原状。

神经衰弱症要是在年轻的时候就发现的话，那是因为原有的天性太衰弱了；如果到了三十岁或四十岁才发现，那是因为责任太重的缘故。

神经衰弱症最明显的症状便是疲倦，这是由于惧怕和沉闷所致。假使一个人对于疲倦有着一种异常灵敏的感觉，那不用说，他已经得了神经衰弱症了。因为除了那些患神经衰弱症的人，不会有人知道疲倦的。这种疲倦，好像是精疲力竭得快要死了一般。这或许是由他们体内因疲倦而产生的毒素所致。其次明显的症状便是烦恼了，医学上把它称为忧郁症。还有失眠及其他各种无名的痛苦。

因此，当这病最严重的时候，有六种明显的症状：疲倦，恐惧，沉闷，自觉有病的烦恼，失眠，痛苦。病痛的时期，有的是几个礼拜，也有的是几个月，甚至有的是几年。

更有一种假性的神经衰弱症，患者在机体上并没有真正的疲乏。其实，这不过是病有深浅罢了！有许多神经衰弱症，假使病状不是过重的，并且正在合理医治的话，还是能得到一种有效能的适当的生活的。

我们对于B.E.以及其他和B.E.同病的人，可以贡献一点意见。

假使你是一个患神经衰弱症的人，你必须要有一定的主见。你想读完大学虽然是一件很困难的事，但是你不可以可怜自己，你要想到这世界上还有许多和你同病的人，甚至还有许多症状比你更严重的人。别人不须苦心孤诣便能得到快乐，你却应当努力奋斗，摒除一切烦恼，去寻求精神的安适。

你现在所急需的绝不是拐杖，你应该不需要拐杖，尽力地向前程奔去，随时增长你的距离。不用去阅读那些关于神经错乱的书，你应该明白，神经上的毛病，最好的医生便是自己。或者你去寻找一个好医生，那也是好的。因为，他可以像兄弟一样看护你，他可以在你需要时帮你披大衣，他可以做你的指导者、哲学家和朋友。

至于你信上所告诉我的，我觉得你虽然为这病想尽了方法，但没有一件是做对了的。照你的方法，反而有使病加重的可能！须知道，一个患神经衰弱症的人，应该有一种比常人高的生活标准。

你说只要找到一个终身伴侣，就可以把你的病治好。完美的婚姻的确可以帮助病人，但是有一个条件，要看这病人是否值得救助。可是现在，你毫无理由可以叫一个女子平白地牺牲她的一生来安慰你，所以，你必须先要寻求出自己值得救济的地方，然后再说"救助"也不迟。

你的症状还不算是很严重的神经衰弱症，只要有一种固定的职业和一种坚持不懈的决心，就可以去克服这些症状了。打击当然是不可避免的，但是，你也不要灰心，相信总有一天，这病会离开你！你每受一次打击，就会给你增加一份管制的力量！

最后，你要去找寻一个聪明的指导者，他可以督促着你前进。你应该绝对信任他，依照他的指示做去。除非你是有了极大的好转，否则我劝你千万不可以任性。

六、我被一种身心的缺憾烦扰着

许多年来,我一直被一种身心缺憾烦恼着。我的心智因为受到这种缺憾的影响,使我被迫丢弃了一种专业,虽然有人说我很有这方面的才能。

所以,我特地写信给你,希望你能发表一点意见。现在我要把事实讲述给你听:

我的身心组织,直到现在,还是找不出有什么缺欠。中学毕业以后,我进入一个法科专校。起初我读得很好,一切事情都很顺利。后来,我读了一本讨论堂表结婚所生子女问题的书,大受影响,因为我的父母正是堂表结婚的。这位作者告诉我们,堂表结婚的后代,大多数是身心方面有缺欠的!

从此以后,我就好像是变了一个人。堂表结婚的后代不健全的思想，似乎烙印在我的心中了，我无时无刻不在想着这本书中所说的话。

不久我又听到一位精神病专家的演讲，他在演讲中谈到，心灵有缺憾的人可以从他的手上看出来，因为人类的手的形状和心是有关系的。

也许是我的神经过敏，我察看了自己的手，觉得是有点异样，好像是太小了。我的身长有五尺七寸，重有一百八十磅，肩膀也很宽大，为什么我的手却像一个小女孩子的呢？许多朋友们也时常提到我这种身体上的不相称。

有时候，如果我忘记思考这些无谓的问题，只是努力地干我的工作，那就可以获得良好的结果。不过，每当我一想起我的手，便会让一切兴趣都消失了。因为，我觉得自己实在是太平凡了啊！

假使你能抽暇阅读这封信，并且能帮助我发表一点意见，我将十分感激！

H.I.W.

第二篇　身心不安的十五种对症疗法

　　这封信的文辞写得很好，足以看出这位写信人的天赋的确是具有一点的。但是，这天赋也可以解释为一种情感上的毛病。因为，他往往有一种自卑的感觉，遮盖了种种自高的感觉。其影响是很大的，当一个人感到自身有缺欠时，不论做什么事情，都会毫无心绪了！

　　像这位H.I.W.所具的情形，相对来说还是容易改正的。他的自卑自贱，无非是出于他的神经过敏而已。要是他不这样，就决不会因为阅读一本关于表亲结婚的后代的书，便要怕到这个样子。其实，近亲结婚虽然会产生弱种，但也会产生强种。这世上有很多父母是表亲结婚的，但只有少数的人，由于敏感的缘故，才会受到表亲结婚后代衰弱的论调的影响。

　　再说手小，这情形又有点不同。我们不必否认这些事实，更不必时常去记挂着它。因为这是由于自觉过敏所致。每个人都想在体貌上像个常人，即使不能超出常人，也想和他们不相上下。每个人都想成为一个发育完全的人，既然女人们的手是天生小的，那么，男人们的手一旦带有了女人的特性，心中自然难免要有点不舒服。H.I.W.之所以感觉不安，大概是这些原因吧！

还有许多青年，他们并不怎么勇敢，但他们喜欢谩骂、喝酒，喜欢矜夸他们的一些冒险行为，好像不这样就不能表现他们是怎样的老于世故，毫无一点儿女私情了。

其实，这些行为反而把他们的弱点暴露了出来，因为他们并不能依照他们所说的去做！他们想用夸张来抬高自己，当他们把自己看得过分高贵时，正是别人将他们看得格外渺小的时候！

本来，一个人的手小是一件很小的事情。手小不会妨碍你做大事，也不会妨碍你用脑力。我深信，要是这件事降临在别人头上，他们也许就不会这样在意了，他们可能会以为这是很自然的事。

这使我想起艺术家韦斯勒，他有一种自傲的性格，许多人都嘲笑他黑发中杂有一束白发，但他反而认为自己是一个特别人物呢！要是一个自贱的人有了这些白发，便会觉得自己与众不同，而把白发染黑。

老实告诉你吧，小手并不是一种残缺，就算把它当作是一种残缺，它也不会妨碍你个性的正常发展的！

虽然人世间有许多真正的自贱者，直到今日还难于诊治，但从实际上说来，无谓的自贱感觉，似乎比引起无益的烦恼还要多些。就像上面所述说的这种症状，一个最简易最有效的治疗法便是——忘掉它！

七、我和家庭格格不入

如果我的家人知道我写这封信给你,他们一定要说我太不知情义了。可是,凭良心说一句,我实在有点和家人合不来啊!

我唯一的嗜好就是音乐,但我在家中听到的是什么呢?唉,除了商业和工作,便只有金钱了!我的家庭要我去经商,要我去工作,要我去赚钱。他们反对我在一个无名的乐队里拉小提琴,在他们眼中,这就是一件无意义的工作!

假使我现在能进入音乐艺术院,我的理想也许可以实现,我的前途或许还大有希望。但我没有能力,我不能自动地去进行,因为我还只有二十岁呢。

如果我不去,在这样的家庭中,我实在不能继续住下去了,因为他们都瞧不起音乐。在这么一个不满意的环境中,即使让我演奏也不会有什么好音乐奏出来的。

另外，我的家庭和一般家庭相仿，家人的关系似乎都很好，只有我一人和他们合不来。

一个喜欢音乐的人

这是一封涉及家庭心理学且内容比较缓和的信。有许多这类的信，因为个人的关系，我不方便把它们公布出来。就是这封信，我也略去了许多细节。

像这么变化无穷的家庭冲突，应该由那些比心理学家更聪明的人来解决。因为家庭冲突和环境地位的关系太多，局外人当然是很难指导的。

著名心理学家弗洛伊德认为，家庭的种种冲突引起的神经错乱的病源是带有遗传性的。他曾经发表过这样的妙论：男孩子们要是过于和母亲亲热，就会对母亲养成一种极深刻的印象，这印象到后来便影响他的婚姻，因为没有一个姑娘能够像他母亲那样好！女孩子也有一种理想，她们眼中的父亲，实在是天下男人的模范！由于这种思想的发展，男孩子便常常反对他的父亲，甚至妒忌他的父亲对母亲的亲热，更有反抗那些过于严厉的父亲的。

现在的心理学家的分析比弗洛伊德更推进了一步，他们都相信：人类的一切失败与悲剧，都是从家庭关系的不和谐而来。

当然，我们不能过分地相信这些理论，但我们也不能完全不信，因为家庭占重要的地位，它可以发展我们的个性，养成我们精神上的健全……

所以，家庭是一个很重要的组织。每个人的儿童时代，都是在家庭中度过的，而我们许多重要的特性、习惯和兴趣，也都是由家庭开始养成。再说得彻底一点就是：我们一生的行为，是由幼年时期的训练所形成，至于我们寻求快乐的程度如何，要依家庭生活的快乐程度决定。所以，家庭是人类天性培养的基础，也是我们生活中最亲切的世界。如果我们能让每个小孩都有一个快乐的童年生活，那么就解决了他一半的人生问题，另外一半也可以减轻负担了。

不过，不管家庭关系如何牢固，总是难免有出现裂痕的一天。在裂痕尚未到来以前，甚至在好久以前，我们就必须要准备着。当裂痕临近的时候,父母和子女的冲突便达到了"尖锐化"的时期。过去常常咨询的顾问,现在却居于敌对地位了。不知道这时候的男女青年,要到哪里去商议他们的私衷啊!

有人这样提议过,在问题还没有变得严重的时候,最好先找好一个顾问。那么,我们的法庭和青年法庭,碰到亲属争执的案件时,就可以减少许多的麻烦了。究竟这种家庭心理学的问题,我们需不需要专家来研究,那是很难说的,社会学家们现在所研究的常常是这一类的问题。

不过,世界上最常见的家庭冲突,多半是和这位音乐爱好者相同的。所以,我们说的也不妨作为一种普适的指导。但实际上也许并不够,因为真正可以作为良好指导的,是要对于他二十年来的家庭情况加以彻底了解的,否则,恐怕你就会感到无从下手。像他的情况,已经到了问题的最后一步,而不是前后整个的原委。

做父母的如果能明白,这种强烈的音乐嗜好,是他们子女的终身事业的根基,不去阻止他们,而去听任他们自由发展,那么,做子女的也就不会铤而走险,脱离家庭,去做漂泊无依的游子了。

要是环境不合，无论什么人，都不会干好工作的。不过，照你现在的情况说来，即使要改良环境，让你依照自己的所好去求发展，也只怕迟了。要知道，小的不合可以变为大的不合，终至分离。没有一个人能够阻止那些下了决心的人，更没有一个心理学家能够想出一个通用的公式来对付这一类的问题。

家庭正和世界上许多其他的组织一样，有它的好处，也有它的坏处。如果将家庭生活的好坏都衡量一下，我们就可以明白，这是适应生活的最基础的一种环境。世界上最完全的人，便是一个适应于家庭的人，不是为家庭所淹没，而是能够依照家庭的关系而稳定起来。不过，你的终身职业，还是应该由你自己去决定！

我们研究家庭心理学，最重要的是要测验每一个家庭能否做我们人生的庇护所以及是否尽了指导的责任。不过，我们应该牢记，这些庇护和指导不要趋向于"监狱化"，因为每个人在家庭中，至少应该拥有相当限度的自由！

八、一次冤狱造成的悲剧

某先生的思想行为都是很高尚的,他看不惯别人做卑下的事,从来不愿意赚一个非分的钱。可是,有一次他竟被仇人控告,要他拿出数千块钱的赔款,这真使他觉得莫名其妙。虽然他既没有拿过这笔钱,也不知道这事的内容,但是,他还是被人暗地讥讽为贼,并且想将他监禁。就这样,他不幸为人所暗算了!

受了这次冤枉后,他失去了原来的康健,身心日渐变差。他的态度变得孤寂、忧郁,工作也没有从前起劲了。经理先生本来允许他增加工资,现在也无形取消了,并且用辞退他的话去恐吓他,所以连同事们也都瞧不起他了。

在未受冤枉以前,他的工作进步得很是迅速,但受冤枉以后，他便不能再像从前那样研究和工作，他变得迟钝、不留心、惧怕。数年后，他的健康约略恢复了一点，便筹资创办了一个小公司。起初事业进行得还很顺利，后来他却又回到以前的病状，常常忧郁惧怕，而不能再保持他原有的高尚思想。再以后，他的性情愈发古怪了，开始厌恶人群，变成一个离群索居者。

我所讲的这位先生，关于他因为这次打击所起的种种反应，你的意见是怎样的呢？不错，他的病源就是最初心灵受了震惊，但他应该这样孤独下去吗？他现在正向这条路上行进着，也正在受着有生以来所未曾有过的痛苦！

带有希望的询问者

你所讲述的是一种关于精神的普通悲剧，时常使人想到究竟多少是由命运造成的，多少是由原始的天性造成的。

一个人的情感受打击，以致知觉过敏，大概是由于原始的天性。不过，我们不能肯定地说它们的关系究竟如何，因为这是人人不同的。有的人的生活过得好像钉子一般的硬，不管内心的情绪，也不去理会周围的舆论；但也有人对于微小的耻辱、粗暴的预言、不公平的证明，都可以有着非常灵敏的感觉。

我们情绪的粗细应该怎样断定，还是不得而知。虽然天生有这种区别，但还是可以下功夫来培养的。在我们的身体组织中，有一种组织，能够使我们骄傲和羞愧的感觉格外灵敏。不过，我们之所以会骄傲和羞愧，那都是行为的结果。

如果有人疑心我们做贼，或者是称我们为贼，我们都会觉得非常羞愧！不过，感觉羞愧的程度，以及因别人议论而使自己感到不安的程度，那是各人都不相同的。也许我是不大注意他人对我的批评的，但你却是十分关心的；也许我感觉被人当作贼看是无足轻重的，但你却以为这是一件丧失人格的事。因此，每个人对于受冤枉的打击的反应，也是各不相同的。

还有一个因素也包含在原始天性之内，它可以明白地告诉我们：受了冤屈时应该如何反应，我们的羞愧感觉可以怎样表现出来，我们如何准备恢复常态。

为了使你更明了事实起见，我可以引证近年来一幕最大的冤剧——德雷福斯上尉的悲剧。他真是不幸极了！他所有的陆军头衔都被削去了，被全世界的人轻视，被发配到一个遥远的小孤岛上去，尝遍了种种非人的生活，平白无故地受了许多年的罪！后来还是他的朋友替他辩明了冤情，使他的军衔都恢复了，并且被人荣尊为一位烈士。

所以，有许多人在身心方面，尽管受了许多冤枉刺激，等到洗清以后，身心的健全还是可以恢复回来的。

这告诉了我们，这些是与天性有关的。你信中所提起的这位先生，是一个天生不宜遭遇悲剧的人。我们深信他如果没有遭遇这样难受的冤枉，一定可以正常地过他的一生。我们的忍耐心是有一定的限度的，如果我们受到的打击和失败一旦胜过了我们的上进心，我们的失败行为便会随着我们的弱点表现出来。

无辜的打击最容易使人消极，神经过敏，远离社会。要是在优秀的环境中，这些病象就都不会表现出来了。德雷福斯上尉是受到了极大的冤枉，但这位先生却并未有这种遭遇，不知道用"不去咎责"的方法可以使他恢复原状吗？

和这同样重要的便是人们对于人格感觉的过敏。人类之所以被称为"万物之灵",是因为人类把荣誉和羞辱看得比物质上的需要还重要。这些东西已经变成人生精神上的营养品了,荣誉一旦丧失,其他的一切也就完了!

因此,丧失体面的事和羞辱所造成的悲剧,与丧失物质的悲哀一样实在;破坏了你美好的名誉,比损伤了你高价的珍珠宝石,还要使你难受。假使人类不将荣誉看得过分重要,社会就不能维持下去了。天生细致的人对于人格的感觉是非常灵敏的,但粗鲁的人却不是如此。

心理学家一致公认,我们的性情是由先天的性情和后天的训练所造成的。所以,我们对肉体惩罚的感觉常常变成了对精神惩罚的感觉,一种损伤名誉的打击,很可能形成心灵上的悲剧。再说到那些悲伤的人和那些运命不好的受害者,对于遭遇的反应如何,先要看他是哪一种性情的人,以及他原来忍受的强度是怎样的。

人生是需要锻炼的,逼迫可以显露一个人生性的软弱,就像一件不结实的衣服容易在合缝处裂开。英雄应该有天生的坚强的忍耐力,这便是世人不能都成为英雄的原因。

九、庸医治疗心理症奇谈

我是一个二十二岁的女子。在幼小的时候,我就有一种奇怪的感觉,觉得我不久就要死了。我知道这完全是心理作用,可是,我实在没有能力可以压制住这种思想。

我已经请过一个医生诊视了,他在我的胳膊上打了一针,叮嘱我说这种注射可以使神经安静。

但是,先生,我已经打过五针了,却连一点效果也没有!现在,我急于想知道这种注射真能对我有益吗?医生说我必须连打十五针,这是否是在枉费金钱和时间呢?假使你能提供给我一点意见,那真是感激不尽!

W.D.

现代的医生所应该努力的是要打倒那些卖百灵药或假药的骗子，假使不把这项工作完成，恐怕精神病者也会去找精神病医生，去用一种百灵的精神注射治疗法了。医生是为了一种正当的目的而使用注射的，使病人感觉这种治疗法最有效，尤其是一些庸医们，最爱用这种方法治病。

在手臂上注射是可以平静神经的，但必须连打十五针，每针须要照算付钱，像这种高明治疗法自然容易引起患者的怀疑。我觉得这位患者实在要比这位医生聪明而坦白得多，她明白自己的不快之感是在幼小的时候就已经形成的了。

当然，我们不能立刻回答她这种神经过敏是因为什么原因，至少要仔细地检查她的病状和她一生的经历后才可以判定。等到原因查出以后，再去寻找一种合适的治疗法，事情就可解决了。要是上面的步骤还没有做到，那么，应该把一切无用的治疗法全部停止，然后去请一位对神经素有研究的医生来医治。

说起这些骗子医生，虽然他们使我们可怜那些受骗者，他们的行为更是医学界的一种耻辱，但是他们的医治方法倒是很有趣味的。不过，这些看法都不是尽然的，一个人如果没有经历长期的病痛，对于时常调换治法而毫无效果的痛苦是不会懂的。有些人只要找到一线的希望，便以为这是一种值得一试的治疗法。甚至有许多聪明人，在生病的时候，也会去尝试种种愚蠢的治法，希望自己早日痊愈。

原因其实很简单，因为很少有人能够忍受病痛，尤其是那种病症不清而复杂，使人烦恼气闷、身体不适而想精神安适的病。他们知道自己的病源，但由于神经过敏的缘故，其病情变得格外复杂。这正是许多病人在病后必须经过长期休养才能复原的缘故，但也有人从此养成了一种病态的习惯，再也不能恢复到精神完全安适的状态。

至于这些庸医，虽然医术不甚高明，但是人还算诚实，他们除了骗几个钱外，并没有其他的恶意。

如果想要更明白些，就必须懂得费士彬博士所说的关于神经和心理方面的"医药骗术"。

总之，"注射"两个字使病人听到了便会有一种稀奇和神秘的感觉，那些医生能够发明一种元素，将其注射到皮肤里面，能改变你的神经，消除你的惧怕，不得不说这实在是太聪明了！更何况，他对于这种注射，不但非常内行，而且知道必须打十五针，金钱到了手中以后，才能见效。

像这种注射，与其说它是用注射器在皮肤上进行注射，不如说它是一种心理催眠更好些。至于它的功效，不能说完全没有，因为有时候也能见效的。这见效，就是因为催眠的功效。或者可以说，催眠便是一种心理的注射！

假医生的治疗法，不但众多，而且出奇，往往有许多是"耸人听闻"的。有些是从前代相传下来的，比如磁气学或天文学，也有些是根据古代医学知识的奇怪理论，还有一些完全是以挑战性质去诋毁现在的医药方法的，认为其过偏于唯物论，或者是太不自然。

比较大的一种骗法就是仿效着用科学的方法去维持医学的理论。比方说，一种专卖的药，先要广而告之，说明这种药是由一位尚不知名的最好的医生最新发明的，之所以还没有被医学界所公认是由于同业妒忌的缘故。出于慈善的动机，他现在愿意将他的发明贡献给那些有经济能力买药吃的受苦的病人。

这种药品，可以说是一种最有效果的"心理注射"！

他们也有各种最新医疗器械，电气的，磁石的，注射的，震摇的，化学的，两极的……各种器械都有，还有证明书，冗长的鼓吹文字，各处来的感谢信，各种资格学位，以及各种奖章等。反过来说，如果没有这些烦复的排场，而只有几句简单的告诫、鼓励、解释，那不是太简单，太易于了解了吗，还怎么配当一个专家呢？

也许有人要这样说，在现代文明进化的时代，一般人也不大容易被医药所欺骗了。其实，人在健康的时候，的确都是不会的，但一旦因疾病跌入绝望的深渊时，这些虚伪的罗网就会乘机张开，引诱你投入了。

一〇、家庭与心理

我最爱阅读你的杂志,也最愿意接受你的指导。我今年二十八岁,在十九岁的时候结了婚,那时妇女中玩纸牌和吸烟的还很少。现在,我有两个可爱的女儿,我对自己的家庭感到很满意!

最近我们搬到了郊外来住,可是,我发觉这些郊外的人与我的兴味竟全不相投。我自觉太不能与这个新环境同化了,我看到我的丈夫和他们谈得很投机,并能依照他们的方法行事,这使我下了决心写信给你,请你给我一些帮助。

有的时候,我感觉在这环境中太沉闷了,也许离开了家里还可以快乐一点。我喜欢请朋友吃饭、听音乐、看电影等,可是,我不爱爵士乐和纸牌。我的记忆力无论在什么事上都是很好的，但是，我不会记纸牌。所以，我不会玩这些纸牌，也不会和这些玩纸牌的人混在一起。

关于儿女看护医药方面的事，我都是爱做的，我也曾雇用过乳娘来照管他们，但是，我的祖父母待她太严厉，把她逼走了。现在，我觉得和家中的人也合不来了。

E.G.

我曾经接到过许多信都提起了这个问题：一个心理学家能否帮助我们解决家庭矛盾？上面这封信，便是其中之一。

教会和国家，它们对于家庭问题是负了一部分的责任的。它们把男女结合成夫妇，要是夫妇不能够快乐地同居，它们又规定了在什么情形之下，以及在什么时候，双方可以分离。

不过，一个人怎样与另一个人不相合，这是极端的个人问题，不会有一种片面的法律可以给以一种完满的解决。法庭和教会，虽然有时候可以替我们解决若干家庭矛盾，或者来解劝家庭间种种的冲突，可是，我们的嗜好、脾气、思想、习惯都是各不相同的。因此，不论是心理学、社会学，或是其他的许多"学",它们所定的公式与律法都是不能切合我们的需要的,又怎能解决我们的问题呢?

不错,现代的心理学已经发现了人生的冲突只是在神经系统内有毛病,并且这种冲突也可以说是人生成功路上的障碍。

一个人在冲突的环境里生活,当然不能快乐美满。冲突包括各种不能相容的情形,由压迫的恐怖,直到反抗背叛,其中更有许多的不融洽、不相合,以及两人间联系的逐渐疏远直至分离等都是。

现在还没有一种科学可以替婚姻确定一种规律或公式,或者是"伴侣"式的,或者是"至死不渝"式的,务必使他们自始至终融洽无间。所以,心理学家们千万不要过分自满,以为对于爱情的冲突可以有什么确实的主张与办法,或者有什么方式可以使得那已死的感情苏醒,又或者是能够回避家庭的种种危险。

我们这样小心的理由是非常充足和明显的,其中最大的理由是,只有对于发生问题的家庭的详细情况熟悉的人,才能提出适当的解决办法。要不然,贸然地加以主张,那简直像一个政治家,自以为在某次大会中讲了一篇极动人的演说,然后他去问他的一位朋友，要那朋友评价他的演讲究竟怎样，那位朋友却毫不思索地说："不错，朋友，你讲得确是好极了！但是，比你聪明的人，一定会讲得很好。要是更聪明的人，那就不会开口讲了！"

大半的家庭问题，也都是如此。就拿上一个问题来说，不管它的结果是怎样的不幸，它的冲突范围，在起初实在是很有限的。

对于一对新婚的夫妇，如果能够给予他们一个指南针，或是一册地图，便可以使他们在茫茫的大海中安然地前进了。多用智慧，并互相包容，这些原是老生常谈，不过直到现在，还没有发明更好的工具。我们不能期望着心理学能有万能的指导，让它替我们解决结婚上的一切难题。

所谓常识、好的判断力、智慧，以及人类彼此往来中的种种适当的应付，这些都是一个良好家庭所不可缺少的。

不论是在个人还是夫妻关系的各种困难中，我们都要把古谚所说的"自知"观念，渐渐地扩大为"自思"观念才好！

一一、冬天学游泳，夏天学滑冰

我记得有一本书（大概是斯坦利·霍尔的著作）告诉我们说："在冬天，我们可以学习游泳；在夏天，我们可以学习滑冰。因为我们的习惯是要在平时不用的时候学来的，所以到冬天的时候，我们不会忘记是如何滑冰的……"

这一段话究竟对到什么程度，我有点难以断定。我是一个私立幼稚园的园长，假使我长期不断地训练儿童，能否把他们的正当习惯养成呢？不知道这种培养习惯的方法，可否得到最好的效果呢？这种长期的训练，能否将习惯培养成下意识呢？这些问题的真理，究竟在哪里呢？我们可以下意识来学习吗？

一个办幼稚园者

这里所提出的是一些范围很大的问题。第一，我们以为下意识并不是什么神秘的东西。正如有些心理学家的理论，我们绝不会有两颗心——一颗是有意识的，一颗下意识的。不过，我们的心的组织，一部分知识是由故意有意识而来的，一部分是由下意识不知不觉而来的。这中间并没有严格的界限，我们的行为有的时候属于这种，有的时候却属于那种。

这个问题的实质，就是如何利用这些关系来培养我们的习惯。更稳当一点说，不论什么东西，总要经过一点努力才可以学得，自然不会让我们以无易有。

没有一个人可以期望在某一天的早晨，忽然会拉奏小提琴，或是缝衣，或是开汽车，或是打字。有人以为在学生半睡半醒的时候，教导他们一些知识，便可以使他们把知识存储在下意识里，这岂不是一种妄想吗？

老实说，有时候我们太费力，有点太不值得了。有时候，我们想一个名字却总是回忆不起来，而我们没有去想的时候，却又回忆起来了，这是由于脑筋需要休息的缘故。你一晚想不起的东西，第二天早晨就会毫不费力地忽然想起来。不过，这一定是年纪很大的人，有过许多经验，且心智组织很复杂的。

对于儿童，一切都是很简单的。他们培养习惯的原则，最好是经过学习。但我们还不能切实证明，知识是可以灌注在下意识里的。不过，我们须明了，在儿童精神充足的时候，只要经过少许的努力去练习，它的效力就可以胜过在疲倦厌烦时候的不断练习了。

我们要是持续不断地努力，便会觉得成效渐渐地减少了，这是一条铁的定律。同时，对于遗忘方面，也有一种遗忘渐减性的定律。我们在学习的最初几分钟和几个小时，遗忘得最多；此后，一天或一星期都不会有什么很明显的差别。

上面所说的滑冰和游泳的事实，是因为你对不用而会遗忘高估了。其实，你在一年以后与在一月以后，你所遗忘的并没有什么大的区别。但一年的确是比一个月要长多了，于是，你误以为获得了什么东西，好像存在下意识的银行里所得的利息一样。实际上，即使是长期不用，也不会遗失得像你所想象的那么多。

第二，和指导儿童努力的技巧也有密切的关系。儿童的情绪是非常敏锐的，遇到失败的事情便容易灰心或不知所措。我们教小孩子模仿西部牛仔抛绳子，有两点值得注意，这两点也可以应用到别的学习方面。第一是要泰然处之，第二是不可性急。抛绳子的确很好玩，如果抛会了就愈发使人感兴趣。不过，有的人在抛绳子以前必须先脱下衣服折好，这是一种不大适当的习惯，会减弱这种玩意的趣味性。所以在开始的时候，必须养成一种不同的习惯；同时，你必须引起他们的兴趣，使他们乐于尝试。

我知道这位办幼稚园者心中的想法，他所指的是另一种不同的关于个人的习惯。比如使孩子们服从，按时做应做的事情，等等。然而，要养成这些习惯，往往是要遭受儿童的反抗的，而这些反抗是养成习惯的最大阻碍。要是不遭反抗，而能得到他们的赞同，那么结果一定很顺利。做教师的艺术，就是要使用各种方法，去回避学生们的反抗。

反抗产生于其他的习惯、天生的好恶以及自主的欲望，所以，我们不论做什么事，最容易、最自然、最满意的方法，就是要养成一种习惯。如果要想顺利地达到这种目的，那便要养成一种比较合乎心意的习惯。

有一位教小提琴的，对我讲过他自己的经验：开始阶段，先要指正学生放琴的地方，以及拉弦的姿势。但另一位音乐教师却说：开始学习小提琴的时候，不必过分苛求，只要养成近乎正确的姿势即可。等学到有相当的兴趣时，再渐渐加以改正。

大半的学生就是用的渐次改正的方法，我个人也是觉得后者的方法似乎成效要好一些。

总之，学习便是重复不断地练习。培养习惯，自然也不例外。

一二、为什么我看见外人会发窘

我是一个女速记员，今年十九岁了。我曾被很多人称赞过，说我很漂亮，很聪明，工作也做得很好。因此，凡是和我接近的人，没有一个不喜欢我。

不过，我有一件连自己也不明白的事，说起来也是足够我烦恼的。假使我得不到帮助，我害怕将来也许会有很不好的后果。让我把情况描述给您听吧。

不论在什么时候，我要是碰见了一个我所熟悉的人，不过好久没有见过面了，在这久别重逢的一刻，我好像被自己的神经所镇服，心里像被刺了一样难过，使我不知道对他要说什么话好。即使说了几句，也都是些"不适当"的话，这使我太苦闷了！

不过，在数分钟以后，我就渐渐地恢复了常态，甚至还可以和他开玩笑。但在开始的数分钟，尽管我极力想镇静，还是显得非常窘迫。最有趣的是，这些窘迫的情况还会从身体上表现出来，比如面部发生痉挛（在我笑着的时候，更可以看得出来），心里有一种紧张的感觉。不过，这种状况并不是在每一件事上都是如此。

有的时候，当朋友介绍我见一个陌生人，或者我自己去见一个陌生人时，我会觉得很自然；但另有一些时候，这种窘迫的情况就外露，尤其是面对某种人时，这种窘迫反应会来得特别容易。比如面对我的上司，我总是感到一种胆怯气馁，要是他和我谈论什么意外发生的事情，或者是关于公事，我就会感觉心内紧张，面部痉挛。

因为这个缘故，我不大愿意去拜访朋友，而且时常担心着，不想让这种窘迫的心情显露到面部来，免得使人奇怪。这种窘迫逐渐改变了我的性情，使我格外地胆小。

两年来，这个缘故真使我痛苦极了！我也常常壮起自己的胆，警告自己不要再胆怯气馁，但是，这些都没有用处，因为这种窘迫完全不受我的管束。我实在没有方法可以禁止它！

我也曾跑到医生那里去检查过，他们都说我没有别的毛病，只是神经过敏一点。但我以为，不论神经怎样过敏，我总应该想一个诊救的办法。先生，你能指点我吗？

我自己也不明白，到底是什么缘故使我的生活常被云雾笼罩着。我心中有一种说不出的难过，哪里还谈得上什么快乐呢？

我想，你也许会说，我是犯了一种遗传的自贱的意结病，不过，我自己也不懂得为什么我家中只有我一个人如此。现在，且不管我生的是什么病，总之它使我的精神感到万分的痛苦！

这里，有几个问题想请教一下先生：有什么方法可以解救我这种精神痛苦吗？这种毛病是什么含义呢？我能得到诊救吗？我是不是要终身遭受这种痛苦呢？

先生，我实在烦恼极了！假使你可以诊救我，我真不知要怎样感激你才好啊！

一个烦恼者

读完了这封信，我觉得它也可以代表许多不能或者不敢说出来的同样的病征。

我所碰到的烦恼的人,实在是太多了!尤其是现代一批男女青年,往往为了各式各样的琐事而烦恼着。

这位写信的人,也属于这大群中的一类——所谓"社交恐惧者",这类人在社交场中以及其他社会场景中是很多的。

我在前面的内容中曾有好几处说过,一切神经衰弱的人都可以分为"神经衰弱症"和"歇斯底里"两大类。前一类的人含有惧怕的成分,后一类的人含有发怒的成分。那就是说,惧怕是前者最重要的因素,发怒是后者最重要的因素。到了后来,这两种因素混淆,以致在有些病状中两种特性都有。再依据另一种关系,他们可以分为退避者与急进者,烦恼的人就是属于退避者。社交恐惧便是退避者的一种自然反应,当青年人在初次社交的时候,总是胆怯气馁,这便是一种很明显的病征。退避者也和普通人一样,希望能给人们留下一种好的印象,可是,因为被惧怕的情绪所控制着,以致不能办到。因此,每当遇到不可避免的社交时,在开始的几分钟,你不得不感到一种进退两难、不知所措的痛苦!

有一些人的痛苦会不时从面部表现出来，比如喉部的战栗，面部肌肉的抽颤，心情沉落，脸红，怪样，假笑，出冷汗，等等。据心理学家的研究结果显示，情绪的感觉可以引起肌肉、血液、内分泌等发生变化。

这么多的症状，因为没有多大的关系，所以就不多说了。我们每个人都有弱点，由我们的神经把它表现出来。我们在一个位置比自己高的人，或者是一个重要人物面前，会变得格外胆怯失措。我听说有一个青年，他在任何事上都勇敢得很，可是，他一到英国的王子面前就吓昏了。

退避者总是把一件事情挂在心上，以致使这种不安定的心情渐渐地养成了一种自贱的意结！

烦恼者把自己的病情看得非常严重，其实，这只不过是一种普通的社交恐惧。是他们把自己的不安变成了一种悲剧。

世界上有许多人的病情和写信给我的那人差不多，有许多人比他还严重。他不过是惧怕拜访生客，而我认识的一个人，只要室内有三四个陌生的人，他就不敢进去了；到戏院去看戏，只有在星期三的白天才敢去，并且要坐在靠近太平门不甚拥挤的一个角落里。另外,我还知道一个人,不是单独一人的时候,他就不能工作!

那些患社交恐惧的人,不太容易能纠正他们的毛病,只能用种种方法去鼓励他们。我们还得告诉他们,这多半要靠自己的力量去救疗。他们并不是真正的胆怯者,他们常常也能应付很严重的事。我知道有一个青年,他患这种毛病到了极严重的阶段。他曾参加欧战,作战十分勇敢,因此获得了许多奖章,大大地得到长官的赏识。后来退伍归乡后,他去做了一个教师,因为十分怕见这么多学生,最后只好不干了。应付枪炮不必去适应他周围的环境,所以比做教师来得容易。

这些烦恼者在社交恐惧者中还算是较好的,因为他们还可以用书信来表达他们的情感。他们并没有夸张,也没有形容过分,虽然"痛苦"和"地域"等都是很强烈的形容词。他们所表现的这些特征也都是很真切的,而他们的悲哀,更是千真万确的。因为一方面他们想做一个比较大胆的人,另一方面他们却遇到了种种的阻碍,以致不能实现,使两方不得不起冲突。他们感觉不能与正常人为伍,然而他们知道,要是他们"胆怯失措"的毛病能够纠正过来,他们就会与常人毫无差别了。

这些毛病当然是可以除去的,不过绝不是一时间都能除去的,至少要在几次努力以后才能够除去。这些烦恼者,应当格外地练习泰然置之,尽量地使自己的态度安闲,然后他们这种胆怯的表现,在符合常态的生活中就可以减少发生了。

不过,无论什么事情,都是需要奋斗的。阻力越大,我们就越得加紧奋斗!那些患社交恐惧的人,对于他人所视为毫不费力的事,他们却必须鼓起极大的勇气才能够做到。

一三、我害着胆怯症

我现在患的毛病是神经衰弱,这是由于我的心理狀态异样的缘故。我是一个心情很郁闷的人,差不多不论在什么时候,心上总是带有三分的沉闷。

我现在不需要朋友,我常常回避他们,对于所有的娱乐,也是丝毫感觉不到兴趣。

自从我遭受这些神经上的痛苦以后,我总是惧怕着独自在家,或者独自外出,或者独自到什么地方。每当我想到要独自一人的时候,便觉得非常胆怯,心神也不自主地昏眩不安了。

我现在心中太忧郁不宁了。先生,你能指导我用什么方法,使我的态度自然、心神安宁吗?

L.F.

我的桌上堆着许多信，其中有一大半是关于惧怕的诉苦的，这就可以使我们明白，古往今来，惧怕对于破坏人生幸福的普遍性了。

所以，我们每日对上帝的祈祷应当这样修改："拯救我们脱离惧怕，救赎我们不要恐怖！"或者呢，我们对于库尔的谚语也可以这样修改："一天一天，让我的惧怕战栗逐渐减少……"

上面这封信是我收到的关于惧怕的许多信件中最简明的一封。那些容易被恐怖所围困，以致自由被限制，精神安适被牵制，甚至整个人生观被改变的人，他们的真正病源在这封信中也已经详细指明了。

所谓惧怕，便是在某一种实际情形下（比如从山巅往下望）而造成的一种心神不安。至于我们预料某一种的灾害，或者感觉忧虑不安，那可以说是恐怖了。惧怕和恐怖原是一对好兄弟，它俩的面貌也很近似，简直不大可以分辨清楚。它俩是同一父母所生的，虽然在诊治方面或许稍有不同。

惧怕在婴孩时代就已经开始有了，不过那时的惧怕很简单。他们不知道想象,只是生活于现实。如果一旦把他们所依赖的东西拿开,就会使他们感到十分不安。要是在黑暗中,或者是见到了生人,也会使他们感到不安,甚至使他们惧怕得有点近乎恐怖了。

大半的小孩子都是惧怕黑夜的,并且也是容易受惊吓的,所以我们对于婴孩的教养,最要紧的便是要训练他们不要惧怕。患有恐惧症的成年人多半是由于幼小时候受了过度的惊吓,使他们的神经受到了非常大的震撼。要是能够增加自制的力量,便可以胜过一切的惧怕。惧怕的最初根源,是和儿童时的心理有关的。

疲乏也是惧怕的根源,而胆怯是困乏的一部分表现。在疲乏的时候,我们大都是容易惧怕的,经过休息饱食以后,便可以增加勇气了。有许多刺激的药品,也可以鼓起我们的勇气,正如在忧虑的时候,我们可以用一种催眠的药品使人安静一般。我们要减少惧怕,先应该设法消除疲乏。可是无论如何,不可因为某种惧怕的缘故而怕疲倦,否则,当你赶走了一种惧怕时,只怕又进入另一种惧怕了!

疲乏的另一种结果就是沉闷。当你郁闷的时候，你便会默默无语，并且想回避你的同伴。这一类的人都是如此，容易造成一种特殊的性格：怕孤独，怕独自外出，到处都想依赖他人。

像L.F.这位惧怕者，是简单惧怕者的一个代表，不过，他的程度还是轻微得很。救助的方法，首先是要有充分的休息，以便使你的身体感到舒适。这里，我们必须先考虑患者的病情是怎样的：

什么时候病态最烈呢？早晨吗？

你的职业可以解救一部分吗？

你要不要换一个环境？

你可否与好友相伴出去游玩呢？你喜欢航海吗？航海可以使你的精神得到宁静和鼓舞！

你的家庭状况会使你不安吗？

你经济上有忧虑吗？

假使有什么好消息，可以消除你的忧闷吗？

当你喜欢的朋友到来时，能够使你高兴吗？或者当你不喜欢的朋友到来时，可能使你烦闷吗？

你一天被忧虑袭击的次数大概有几次呢？或者一星期中有几次烦闷呢？

总之，在郁闷的时候，你就应当休息；在高兴的时候，你就应当寻求刺激娱乐。你不妨这样想：我已经成功走出郁闷了！要是你每一次都能够这样想，那么你的郁闷便不会这样严重了。在第二次被郁闷袭击时，你便可以有勇气面对了。这种病症不是马上就可以治好的，必须逐渐地静心，逐渐地增加能力，最终才能赶走你的恐惧。

工作千万不可过分紧张，你应该常常有休息的机会，不能有病态的习气。不要以为你自己是有神经质的，你要觉得自己是和他人一样的，不过稍微偏向于这方面一些罢了。

你不可完全依赖他人，要渐渐地使自己站立起来；你不可太体恤自己，认为自己是有毛病的。须知有许多人，他们的毛病比你还严重，所以你是能够战胜毛病的！

一四、怎样解除我的意结

我现在要向你提出一个问题：怎样解除意结？这种意结延续了十年之久，是否正常呢？

虽然我知道欧战已经过去了，但是每逢一个汽车胎爆裂，或者看见一个手电筒的电光，更或者嗅到氯化物、石灰、碘酒的气味，一转眼的时间，还是可以使我感觉非常不适。

在欧战以前，我以为所谓"神经"，不过是牙科医生所怕伤害的东西，所以我并不怎么关心。但是，经过了这一次的欧战，我对于你所研讨过的，比如精神错乱等，就无时无刻不注意到了！

我不能制止那转瞬之间忽然浮现的回忆，我觉得自己实在是太不行了。因为我曾在加拿大的军队中服役过三年，并曾在伊伯尔、索谟、维米、阿拉斯等处经历过许多次激烈的战争。虽然我吞下了我的畏惧之心，能够压止战栗，勇敢地往前行进，但是经过这大规模的恐怖以后，我忽然变得听到一个响声就有点受惊吓了！

这种惊吓延续了已有一年之久，到现在，我还是极力想设法约束我的记忆，不使那些战时的印象再浮现！

一个法兰德斯人

这位写信的人，起初以为自己是不受神经震撼的，可是现在却把他神经的易感性很清楚诚实地表达出来了。像他那样很强的神经，在平常的震撼中其实是可以安然无事的。但战争究竟是战争，战争就是地狱，它对于神经的影响与伤害身体别的部分是一样厉害的。

从神经方面看来，战争就是不断的震撼。比如大炮的轰炸，受伤的疼痛，惧怕危险的紧张，这些都是战争的时候所免不了的，可以使我们的抵抗力崩溃。那些受过战争惊恐的人，不仅仅限于那些为炮所轰的。

这些完全为大炮所惊轰的人，其神经的崩溃是最厉害的。因为他们的神经永久不断地受着战争记忆的刺激，所以他们不能相信，现在战争已经结束了。他们的神经受着极大的创伤，绝不是在短时间内可以复原的。

但是，大半的法兰德斯人，在停战以后，很快就恢复到了安宁的状态。他们狂放地长舒一口气，于是就复原了。不过，有些地方的人，他们的神经还是很容易受到刺激。

回忆可以使那些老的印象不在刹那间完全被忘却，这本是很有趣的。在战争的时候，不断的轰炸常常使耳朵感到震惊，而我们的耳朵是对于震撼天生最敏锐的器官，所以每一次有什么忽然爆炸的声音，由耳朵的天然生理和以往的经验，就已经有一条被走过无数次的路，使我们的神经震惊。

每个人的构造都是如此，不过，士兵们对于战争的轰炸会感觉得更加厉害。不论是一道电光，还是一种气味，都可以影响到他们的神经。不过，他们现在的神经联系，大半是出于间接的，是由于经验而训练成的，不是因为神经系的组织生来如此。甚至于觉得闪电也非常惊人，那是因为他们联想到雷电的闪烁是非常震撼神经的。

像写信的这位法兰德斯人，本来是神经很健全勇敢的，然而他的神经，还是不能遗忘大战时的震惊。他自认为这是他的弱点，也是必然的结果。

其实，这并不是他的弱点，这不过是表示他神经组织的敏锐（虽然战争不是常有的事）。他的神经组织是非常完善的，虽然只有这一点点的震惊，但对于他好像已经十分不适了。尤其是在一刹那之间，他还不习惯于失去他那清醒的头脑，而以为这是一种神经上的临时沉落。他的这种感觉，也可以说是由于他的神经过于健全的缘故。

像这种意结必须经过很长时间才能够消除。在战前，关于这方面还没有经验可以供我们参考，大概所受的震撼愈深，恢复期也愈长。

上面这位法兰德斯人，我根据他的信，相信他在别的地方是没有受什么损害的。战争以后，他原是可以恢复原状的。不过，他在法兰德斯战场上的经历不能完全抛去。因为他到战场的时候，是他的那种神经系，等到现在回来，还是他的那种神经系。他的"自我",不但在他的回忆中生活着(这些回忆,不仅他自己保存着,而且还要遗传给他的子孙),并且,他还要继续那种细腻的神经系生活(好像是一刹那间很明显的闪光),以致听到一个汽车胎的爆裂声都会使他想起在战场上的情境。

我所受的这种影响,如果还是这样地继续十年,我还是不是一个正常的人呢?对于这个问题的回答,可以用简短的一句话:"他还是他!"

不错,他的确是不会改变的,即使隔了十年,也不至于和现在相差得很远,至多是他的神经组织的某一部分,也就是他对那可怕的战争经历的印象,比现在来得更深刻一点。这是他在神经系上的一点痂痕,当它每一次显露出来时,就可以有一点震动。

每逢战事继续进行的时候,神经实在太紧绷了,也太惊慌了,使我们不能松弛下来。这些日子都是在紧张中度过的,每一件事情都需要付出全部的精力去应付,惊恐更是连续不断地难以避免。

战事方过，我们得到稍可喘息的机会时，所受的惊恐就可以完全显露出来了。正像一个头痛的人，在他坐下来的时候，他就会痛得更厉害。也正如我们躺下来休息的时候，才知道我们究竟是怎样的疲乏了。抵抗得愈长久，我们的神经也就愈麻木，等到战争松弛下来以后，我们所感受的崩裂也愈加厉害。

至于那些真正的神经崩溃、神经衰弱的人，他们所感受到的痛苦是没有间断的。他们的这种意结，无时无刻不侵入他们日常的生活，也无时无刻不打扰他们日常生活的安静！

再说到那些神经健全，只不过感觉比较敏锐的人，对于以前的种种可怕的经历，有一种感到不安同时又感到好玩的感觉。他们好像是要告诉刚刚恢复过来的神经："战争不是已经结束了吗？你可以安心了。"

一五、我的脑袋出了毛病

在许久以前，我曾经去检查过一次身体。医生告诉我身体上并没有什么疾病或缺憾，不过是在神经比较敏感一点罢了。

我的脑后以及两耳之间常常有一种紧胀的痛感，这简直使我的全脑产生了一种混乱迟钝的感觉，甚至使我的注意力分散了，不能去应付一切工作和那些日常的事务！这使我多么痛苦呵！

因为急于想医治上面所说的病状，我便跑到一位著名的骨科医生那里，请求他诊治。现在，这些紧胀的感觉的确好多了，可是我的后脑上却又出现了一种新的疼痛。

所以，我写信给你，请你为我介绍一位头盖骨专家，我想请教一下他像我现在的治法是否有益，因为我自己实在不太满意这样的治法！怎么会在一种症状痊愈了以后，又生出另一种症状来呢?

C.W.S.

先生,你认为一种胃部的神经过敏是想象出来的吗?

我曾经有过一次很详细的身体检查,并没有什么身体的疾病。不过,胃部常常会感觉到一种不断的痉挛,使我有一种说不出的痛苦。我的心灵也是日渐软弱了。

我一个人在独处的时候,总是感到莫名的恐惧,但是如果有人做伴,我就不觉得怎样了。我相信,这种恐惧是由胃部的神经过敏而产生的,不知先生以为是这样吗?

W.N.

我是一个二十七岁的少妇。儿时,我生活在一个非常可怜的环境中,我的父母由于生活所迫,很少能够留心看护我。从性情方面来说,他们根本是不配教养孩子的。

我在中学毕业时,成绩是最优等的,除了得到教师们的褒奖外,还获得了一笔奖学金,使我读过两年的大学。

我相信近年来我得了一种自卑的意结病，因为我总是不大快乐，也不能交到一个很合意的朋友。最近又时常伤风，尤其是数年前我曾在街车上摔下来一次（也许这两者是我起病的原因吧），以致使我的神经有点过敏。精神上，也自觉不十分地安适。

我得这种病已经九年了，也问过了许多医生。现在，我开始培养某一种细菌，为的是想解除肠胃中毒的疾病。

我还患有歇斯底里病，也曾请精神病专家查验过，但是并没有多大的帮助。

我眼部肌肉也有毛病，并且，我的眼睛又患有近视和散光。我相信，这或者是我起病的原因。有人劝过我，要我将眼部肌肉开刀；但又有人警告我说这是不可以开刀的。到底我应该怎样做呢？我不知道何去何从了！

或者说，我之所以有这些病痛，是与我的家庭环境有关吗？因为，我有一个脾气很古怪的父亲！

B.A.

上面所录的三封信是从许多信中挑选出来的，它们可以代表那些同时患着肉体和精神的疾病,但不知道根源所在的情况。不论身体上有什么不健全,比如胃弱、眼睛近视、病后失调等疾病,不用说,这些都降低了我们对于精神疾病的抵抗能力。现在,我们要讨论的问题的关键是:你能够忍受多少身体上的疾病而不会使你的心灵得病呢?要是你已经病了,你能够很快地就恢复你的心身方面的健康吗?

在各种严重的症状中,最难的是,病人抵抗疾病的心灵抵抗力非常低弱。因此,他们的心理也被传染了疾病。于是,人们想用种种解除的方法,但其中最聪明的方法,却也正是最愚蠢的方法!

我的话你感到稀奇吗?不错!你们都诊断过自己的症状,但是,你们的诊察常常都是错误的。你们也还算是聪明,能够知道去仔细地检查一次身体,可是检查的结果已经告诉了你们,你们身体上并没有什么疾病,就算是有一点,也绝不是最重要的病根,所以你们不用着急。

可是,症状在诊断过后还是如旧,你们内心的烦恼仍然没有消除。于是,你们都这样地猜想着:我相信,这种恐惧一定是从胃部的神经过敏产生的。那么，胃部神经的过敏是由想象而来的吗？

我的回答却是：假使你的心理上已有了疾病，这种疾病就会向你身体上的最弱部分进攻。所以，也许你有了消化不良的毛病，你就有了胃部的神经过敏。同样地，你要是有了脑筋痛的趋势，就会获得一种紧胀的感觉。要是一个骨科医生给你治好了（也许是你觉得他已治好，于是你就被治好了），却又在别的地方发生了疼痛。于是，你又得忙着去问一位头盖骨专家，这也难怪你会那么忙，因为常常在一种病好了以后，你又发生了一种别的病和疼痛啊！

这一切的办法是多么愚蠢啊！要知道，这些疾病都集中在了你的心灵上，根本不是这些方法可以治愈的。既然这么多人对于自己的疾病有着这样的错误观念，难免有许多医生要利用病人们的这些弱点，来大收其渔利了。

第三封信所说的精神症状又和前两封信不同。我们既然知道精神上有许多的冲突，比如家庭冲突、自卑的意结、受震惊、失望等，都是和我们的疾病有关的。而同时，有一些身体上的疾病，比如什么流行性的感冒、电车跌伤、肠胃病、近视眼等，双方凑到一起，那不是成为一个很可怜的故事了吗？

总之，这一切肉体的不幸都可以加重我们身体上的疾病，但我们还得明白，疾病的真正根源并不是这些，而是一种自觉心灵有病的趋势。正是因为有这样的心理，我们就此病了。所以，用我们理智的头脑，去看待我们的疾病，才是使我们的精神安适的最好方法。

从前，这些心理上的疾病被人称为"忧郁症"，这是一个何等可怕的病名啊！后来，有法国人把它称为"想象病"。其实，这些都是不对的。实际上，这种病是对于健康的一种错误观念，而精神卫生是要引导我们对于健康有一种正当的态度！

上面信中所说的胃部痉挛的感觉，头部混乱迟钝的感觉，自卑的意结，怪癖的父亲……这些都应该从我们的头脑中完全赶出去，然后我们的心灵上就不会再表现出什么病态了。虽然这些症状我们决不能完全除去，但我们总应当尽力，至少要把它们驱除到相当的限度，然后再以正当的健康观念去补缺。

我们并不反对良好的医药治疗，因为这也是有点益处的，但如果常常更换医生，那便会变为有损无益了！

一个聪明的医生（不论他自己怎样称呼自己），必定会用许多的方法，去引导患者对于自己的疾病能够有一种正确的观念。他必须先行消灭他们心理方面的疾病，然后才谈得到身体上的治疗！

编后记

原书作者为民国时人物张雪帆。原书最初由民国激流书店于1946年出版发行。本书即以该版本为底本，在不改变原作风貌的基础上，根据时代特征进行加工精修。主要对原书的语言进行了润色加工，对作品名、书中涉及的国外名人的名字和专业名词进行了修改，如：

"福罗特氏"改为"弗洛伊德"；

"麦克庇斯"改为"麦克白"；

"堪拿大"改为"加拿大"；

"结冰时代"改为"冰川时期"。

张雪帆，民国时期翻译家。我们经过多方查找，终未查找到有关张雪帆或其亲属的信息，现委托中国文字著作权协会

（http://www.prccopyright.org.cn/）代为联系其亲属，并办理日后的稿酬转付事宜。

本书上市后我们仍将不遗余力查找张雪帆或其亲属的消息，如有知悉相关情况者，敬请与我们联系，以便我们致谢并寄送样书。

本书编订者

二〇一九年五月